# VOYAGE

## DANS LES FORÊTS

### DE

# LA GUYANE

## FRANÇAISE

### PAR P. V. MALOUET

Ancien ministre de la Marine.

NOUVELLE ÉDITION

PUBLIÉE PAR M. FERDINAND DENIS

PARIS

GUSTAVE SANDRÉ, LIBRAIRE

Rue Percée-Saint-André-des-Arts, 11.

# BIBLIOTHÈQUE DIAMANT

Paris.   Imprimerie G. Gratiot, rue Mazarine, 30.
1853

# VOYAGE

## DANS LES FORÊTS

### DE

# LA GUYANE

## FRANÇAISE

## PAR P.-V. MALOUET

ANCIEN MINISTRE DE LA MARINE

Nouvelle édition, publiée

## PAR M. FERDINAND DENIS



# PARIS

## GUSTAVE SANDRÉ, LIBRAIRE

Rue Percée-Saint-André-des-Arts, 11

Quel témoin des grands événements qui ont marqué la fin du dix-huitième siècle, ne connaît M. Malouet comme ministre intègre, comme administrateur habile? Qui le connaît aujourd'hui comme écrivain? Et cependant cet homme, dont Napoléon faisait comprendre la haute capacité, en disant qu'il ne lui manquait aucun des courages de l'esprit, cet homme si bien esclave de son devoir, qu'il se reprochait un seul moment dérobé aux travaux d'utilité publique, cet homme avait rêvé les joies enivrantes d'un succès dramatique, et la parole sévère de

Le Kain avait pu seule le détourner de cette carrière littéraire, à laquelle il s'était préparé par les plus fortes études.

Rien n'est resté des premiers désirs de sa jeunesse, rien n'est demeuré même des travaux de son âge mûr. Les admirables conseils qu'il a donnés sur les colonies ont fait naufrage avec les colonies elles-mêmes, et son beau livre *De l'empire de la mer* n'a pas eu de durée, parce que nulle main pieuse ne l'a exhumé du recueil obscur où il est aujourd'hui confondu parmi des articles sans intérêt. La défense de Louis XVI, n'a pas eu un meilleur sort ; elle eût pu faire apprécier du moins le courage de l'homme politique ; tout est oublié. Le poëte, cependant, s'est révélé un jour de halte dans une grande forêt de la Guyane, et ce sont ces quelques pages, écrites au temps de Bernardin de Saint-Pierre, mais non sous son influence, qui marquent aujourd'hui la place que Malouet eût pu tenir dans la littérature s'il eût persisté dans son premier dessein. Comme s'il se fût repenti de ce retour vers les goûts de ses jeunes années, l'homme austère, qui parlait ce langage charmant, s'arrête tout à coup et craint (ce sont presque ses expressions) d'avoir amusé le lecteur [1]. C'est qu'en effet il a laissé tomber ces notes dans un vaste recueil de pièces administratives, et qu'ayant obéi à une émotion du cœur, il croit

[1] Voyez *Collection de mémoires et correspondances officielles sur l'administration des colonies*, Paris, an X, 5 vol. in-8. Plus tard, à la sollicitation d'un esprit délicat avec lequel il avait plus d'une affinité, Malouet se montra un peu moins sévère envers lui-même, et le lecteur de cet opuscule a pu en profiter. Voy. *Mélanges de littérature*, publiés par J.-B. Suard. Paris, an XII, 5 vol. in-8.

devoir s'excuser auprès des hommes graves qui peuvent faire leur profit de ses conseils et dont le temps est précieux. C'est cette pure émotion d'un noble cœur que nous déposons dans ce petit livre ; ce sont ces chastes peintures des amours d'un Indien que nous essayons d'arracher à l'oubli. Heureux si nous donnons ainsi un regret, et si nous faisons comprendre tout ce qu'il y avait de saintes émotions chez cet homme qui avait vécu longtemps à la cour, puis qui s'était voué aux travaux les plus arides, et auquel la vue des forêts rendait son premier amour pour la poésie.

Ferdinand DENIS.

# VOYAGE
## DANS LES FORÈTS
### DE
## LA GUYANE FRANÇAISE

---

## § I.

### LE FLEUVE DES AMAZONES.

La première terre que nous vîmes après
notre départ du Havre fut celle de Santo-
Yago, l'une des îles du cap Verd, et nous
mouillâmes dans la baie de la Praïa, deve-
nue célèbre deux ans après par le combat
du bailli de Suffren.

Deux vaisseaux de la compagnie des
Indes hollandaises avaient relâché comme
nous dans cette rade : ils venaient y faire
de l'eau, ce qui était devenu très-difficile
dans la situation déplorable où se trouvaient
toutes ces îles. Elles étaient affligées depuis
cinq ans d'une horrible sécheresse, qui

avait tari presque toutes les sources, et détruit les subsistances en grains, légumes, fourrages et bestiaux. On comptait déjà seize mille hommes morts de faim ou de ces maladies contagieuses que produisent la disette et une atmosphère enflammée. Une compagnie privilégiée pour l'approvisionnement de ces îles annonçait de Lisbonne des envois de farine qui n'arrivaient point, et ses agents s'opposaient à ce que le gouverneur prît dans notre bâtiment, pour son hôpital et son état-major, une centaine de quarts de farine que je lui fis offrir. Voilà l'esprit du monopole et des compagnies privilégiées! tant qu'elles n'en sont pas atteintes, la famine et la peste leur paraissent plutôt des moyens que des fléaux [1].

En sortant de la Praïa, nous portâmes au sud-ouest et passâmes la ligne, pour chercher cette côte, dont les courants, portant du sud au nord, feraient manquer Cayenne; si on ne venait reconnaître le cap Nord. A plus de cent milles de la terre, on est averti de son approche par un phénomène qui lui est propre. C'est la rivière des Amazones, qui, à cette distance de son embouchure, vient rouler ses eaux limoneuses au milieu de l'Océan, et en coupe l'azur par une nappe blanche qui paraît à l'horizon. Préparé à ce changement de couleur, le capitaine nous annonça notre position ; nous étions dans les eaux du plus grand fleuve du globe. Nous trouvâmes le fond à soixante brasses, et nous naviguâmes encore quarante heures avant d'apercevoir le cap d'Orange, la seule haute montagne de ce continent. Mais voici un autre prodige ! A mesure que nous avancions, la mer était couverte de bois ; nous en étions environnés : c'étaient, à perte de vue, des trains de bois flotté que les courants et la marée portaient et rapportaient dans différentes directions. Combien mon ignorance et ma curiosité amusaient les marins pratiques de cette côte ! Rien de tout cela ne les étonnait ; ce spectacle nouveau pour moi s'était répété plusieurs fois pour eux. Ils m'apprirent que les bords de la mer, depuis l'Amazone jusqu'à l'Orénoque, étaient couverts de forêts qui paraissaient et disparaissaient comme par enchantement. Les observations bien incomplètes des naturalistes ne nous donnent point encore d'explication satisfaisante de ce mouvement extraordinaire des eaux et des bois. On sait seulement que les courants déposent sur la vase une multitude de graines qui produisent, en moins de dix années, de hautes futaies d'un aspect ravissant. Là, ce sont de longues et superbes avenues parallèles au rivage, à la suite desquelles on attend un château : ici on voit un massif de plusieurs arpents d'arbres magnifiques, qui se présentent au milieu des eaux comme une armée navale en bataille ; plus loin, la forêt se dessine en festons, en s'enfonçant dans le continent. Vient ensuite une plage nue, couverte d'arbres morts, entassés par millions et flottant avec la marée qui les porte en pleine mer. Ainsi, à côté de ces vivantes productions de la riche nature, paraissent de vastes catacombes. L'œil embrasse à la fois les merveilles de la vie et de la mort. Habitants du même sol, comment ces arbres contemporains ont-ils un sort si différent? les uns conservent toute la vigueur de la jeunesse, tandis que les autres, frappés subitement de paralysie, périssent tous ensemble. Ce prodige s'explique par un autre qui reste inexplicable. Le *palétuvier* germe, croît et s'élève jusqu'à cinquante pieds de tige sur la vase, dans l'eau salée; si la mer se retire, les racines se dessèchent, se détachent de la vase, et l'arbre, en équilibre, cède au courant d'air qui l'agite. S'il survient un coup de vent, c'est un espace immense de forêt renversée en un clin d'œil: voilà ce qui s'offre à la vue; mais le raisonnement s'égare sur les causes inaperçues de cette retraite de la mer, et de son retour sur la même plage, à de longs intervalles. On pourrait croire qu'un mouvement lent et rétrograde des eaux laisse à découvert de nouvelles terres; mais ce que la mer perd ainsi dans le nouveau monde, elle devrait le reconquérir dans l'ancien, et l'on remarque plutôt en Europe la décroissance des eaux que leur invasion [2].

En naviguant sur cette côte, on reconnaît successivement le cap d'Orange, l'embouchure des rivières d'Oyapock et d'Approuague, et l'énorme rocher appelé *le grand Connétable*, qui paraît être, au milieu des eaux, l'hôtellerie de tous les oiseaux de mer habitués dans ces parages. Nous tirâmes un coup de canon, et l'air fut obscurci par les nombreux bataillons de frégates, d'alcyons, de courlis, etc., qui déposent leurs œufs sur le sable. La rive opposée se couvre, à marée basse, d'une autre espèce d'oiseaux dont le plumage enrichit d'un rouge éclatant la sombre bordure des palétuviers. Ce sont les flammants qui viennent chercher sur la vase les coquillages et les petits poissons que la mer y laisse en se retirant ; cette abondante récolte leur est disputée par des troupes de chiens sauvages qui sortent régulièrement des forêts à l'heure du passant, et, nouveaux ictyophages, vivent uniquement de leur pêche. L'industrie de ces animaux semble accuser la nôtre : quel utile emploi celle de nos pêcheurs trouve-

rait dans ces parages ! Nous étions environnés de poissons de toutes les formes, dont les uns paraissaient faire route avec nous, et les autres éviter le sillage du bâtiment. La grande raie, la lune, la vieille, l'espadon, se montraient à la surface de l'eau. L'immense population de l'Océan aime à se réunir sur les côtes inhabitées ; c'est là que les monstres marins établissent leurs croisières.

Arrivés dans la rade de Cayenne, nous la trouvâmes immense et solitaire [3].

## § II.

### ASPECT DU PAYS. — L'ANCIEN ET LE NOUVEAU CONTINENT.

En voyageant sur l'ancien continent, on rencontre partout la main des hommes et la poussière des générations qui ont précédé celle qui vit sur cette terre. Ces villes, ces forêts, ces canaux sont leur ouvrage ; les montagnes et les plaines présentent les monuments de leur industrie. Le soc de la charrue soulève leurs ossements, et les fleuves coulent encore entre les digues qu'elles ont élevées, sous les ponts qu'elles ont construits. Le travail de la nature, ses productions spontanées, ses œuvres primitives ont presque disparu sous les pénibles efforts des habitants de l'ancien continent.

Au milieu même des déserts de l'Afrique, de magnifiques ruines attestent qu'il y eut là une immense population, des arts, des richesses, des maîtres et des esclaves : ailleurs on découvre des cités dans les entrailles de la terre. Partout le sol a été bouleversé, les plantes exotiques sont mêlées aux plantes indigènes : ici de nouveaux lits ont été creusés pour les fleuves et les torrents; là des remparts s'élèvent contre l'Océan, et des ports que ses flots ne pouvaient atteindre s'ouvrent pour les recevoir. Ainsi les hommes de l'hémisphère oriental ont perdu jusqu'à la tradition de leur première habitation. C'est à l'occident qu'on retrouve le monde primitif, la terre et les hommes, dans leur état naturel. Là se fait entendre dans la solitude la voix du

Créateur, et l'on sent de toute part la puissance de son bras invisible. Là vous découvrez la forme native du globe et ses traits originaux, l'union intime de la terre et des eaux, et leur séparation progressive. Ce ne sont point les hommes qui ont chassé l'Océan de cette plage, et qui la couvrent de plantes, d'arbustes et d'arbres divers! Ces dômes de verdure supportés par des colonnes entre lesquelles les lianes se dessinent en festons, cette superbe architecture des forêts est descendue du ciel pour me rendre témoignage de son auteur... Telle est la première impression qu'on éprouve en entrant dans les grands bois de la Guyane.

Je parcourus toute la côte du nord au sud, et je remontai dans toutes les rivières depuis l'Oyapock jusqu'au Marony ; visitant les postes, les habitations, les villages indiens, je laissais ma goëlette à l'embouchure des rivières que je remontais dans une pirogue indienne, et je traversais à cheval les parties de forêts ou de savanes que je voulais visiter. C'est là que la nature sauvage étale toute sa magnificence. Nous, qui ne savons rendre la terre productive qu'avec des bras et des charrues, comment n'éprouverions-nous pas un sentiment d'admiration au milieu de ces déserts immenses, où s'exerce, sans bras et sans charrues, la puissance d'une éternelle végétation ; où l'homme, véritablement étranger à cette multitude d'êtres animés qui y vivent en propriétaires, représente, au milieu d'eux, un monarque détrôné !

C'est pour un Européen un autre univers que ce continent ; c'est, sous d'autres formes et dans d'autres proportions, qu'il retrouve les quadrupèdes, les reptiles, les oiseaux, les insectes. En général, les quadrupèdes y sont plus faibles et les plantes plus robustes ; les reptiles énormes, les insectes plus variés et d'une effroyable fécondité. Les bois y ont plus de majesté ; ils y représentent, par leurs différents âges, la succession des siècles. La terre qu'ils couvrent de leur ombre impénétrable se recompose de leurs débris. Leurs espèces, tantôt semblables et tantôt mélangées, indiquent la qualité du sol, selon que leurs racines pivotent ou s'étendent horizontalement. Le grand ordonnateur de ce vaste jardin semble s'être soumis aux règles de la perspective dans la distribution des sites, des plantations, des claires-voies, des massifs : on dirait que la nature du sol, le cours des eaux, ont été consultés pour l'emplacement des prairies, et que chaque famille de végétaux a cherché, avec intelligence, le terrain qui lui était propre. Les beaux fleuves qui arrosent cette contrée à dix et quinze lieues de distance les uns des autres, sont les limites de chaque district. On trouve véritablement dans ces forêts et j'y ai recueilli moi-même de la salsepareille : j'ai vu des arbustes à épices, fort inférieurs au cannelier, mais qui en avaient le goût et l'odeur [4]. Il n'y a, au surplus, que la botanique et l'histoire naturelle qui puissent s'enrichir de ces découvertes. C'est à de plus utiles cultures qu'une terre aussi féconde invite les hommes industrieux; mais lorsque de ces bois magnifiques je passais sur les terrains qui

en avaient été dépouillés par la culture, je
ne trouvais, le plus souvent, qu'un sol
usé, infertile, sablonneux. C'est dans les
plaines d'Ouanany, d'Aprouague, de Kau,
de Mahoury, qu'on aperçoit le sol précieux
dont on pourrait attendre les plus riches
récoltes ; et c'est en suivant ces différentes
indications de la nature, ou en y résistant,
qu'on trouve la différence d'un bon à un
mauvais établissement colonial.

La distribution des terres qui bordent
cette côte depuis l'Amazone jusqu'à l'Orénoque, présente tous les caractères d'un
déluge récent. J'ai parlé ailleurs des palétuviers, de leur naissance rapide dans la vase
de mer, de leur disparition subite par
l'apport des sables ou la retraite de l'eau
salée. Un rideau de palétuviers s'étend à
une ou deux lieues dans les terres, sur le
bord de la mer et sur les rives des fleuves,
où remontent les marées. Tout cet espace
de terre est une vase de mer sur laquelle se
promène l'eau salée. La terre s'élève ensuite
et n'est plus accessible qu'aux eaux douces.
Ce sont les savanes noyées, les pinotières

qui s'étendent en plaines, d'une à quatre et cinq lieues de profondeur jusqu'aux grands bois, lesquels se sont placés dans un étage plus élevé; et l'on pourrait dire que c'est là seulement que commence l'ancien continent. Mais cette ancienneté de la terre ferme n'est que comparative avec celle de la terre vaseuse qui la précède. On voit, sur le premier plan, l'action uniforme du mouvement et de la retraite des eaux qui disposent les premières couches de sable et de limon. Ce dépôt s'élève graduellement, et s'enrichit des débris des végétaux et de la dépouille des montagnes entraînée par les torrents : ainsi se composent ces plaines productives, connues sous le nom de pinotières. C'est une pâte molle, qui n'a point encore subi l'épreuve des feux souterrains ; tandis que les terres dominantes et la surface des eaux en ont été bouleversées. Le mélange désordonné du sable et de l'argile, des matières vitrifiées, des roches de grès, la coupe des montagnes, tout annonce les efforts désastreux de la nature, qui maintenant se repose sur cette partie du continent, où l'on

ne connaît ni les volcans, ni les tremble-
ments de terre si fréquents dans la partie
occidentale.

Les côtes basses de Macouria, Kourou,
Sinnamary, jusqu'au fleuve du Marony,
ont été couvertes de sables imprégnés de
sel marin et susceptibles, par cette raison,
de végétation jusqu'à ce que les sels en soient
épuisés; ce qui arrive en dix ou douze ans.
En remontant de Cayenne à Kau, de là à
Aprouague et à Oyapock, les terres s'élèvent de plus en plus; et à mesure que les
masses augmentent, on trouve le sol plus
homogène : mais le climat excessivement
pluvieux est alors un obstacle à la culture
de ces terres inclinées, parce que la plupart
des plantes, se présentant obliquement à la
chute perpendiculaire de la pluie, sont dans
leur jeunesse couchées par le vent et des-
souchées par la rapidité des eaux courantes.
En supposant un bon sol, les plantes n'y
prospèrent que sur les plates-formes, ou
sur les pentes douces non exposées aux
vents du nord. Dans les portions du continent, coupées par grandes masses, dont les

chaînes se recourbent en arcs ou se prolongent parallèlement à la côte, on voit ces vastes bassins de terres basses contiguës entre eux, lorsque la direction des montagnes en permet la communication, comme dans la partie du sud ; ou resserrées, morcelées sans suite ni proportion, lorsque le continent n'étant plus ni plaine ni montagne, présente la forme triviale mais expressive d'un plat d'œufs au miroir, comme dans l'île de Cayenne, ou la partie du nord.

Le desséchement des bassins contigus qui ont un échappement libre à la mer, ou dans les rivières, me parut dès lors praticable, et se trouve démontré par des opérations subséquentes.

Je vis là l'histoire de la Guyane, de sa misère actuelle, de sa richesse possible, et la destination naturelle de ses différentes parties : celle du nord, en petites cultures et ménageries ; celle du sud, en grands établissements, dans un espace trois fois plus considérable que la colonie de Surinam.

Quel fut mon étonnement dans ces déserts

de rencontrer les ressources et les jouissances d'une active industrie, tous les efforts d'un travail opiniâtre sur un sol dont l'apparente fertilité trompe bientôt les espérances du propriétaire !

Je remontais la rivière de Kau, tout était brute et sauvage autour de moi ; nous prolongions une de ces plaines vaseuses que j'ai décrites. On me fait entrer dans un canal qui la traverse en droite ligne et nous conduit au grand bois. Là, sur une éminence, j'aperçois un hameau au milieu duquel s'élèvent la maison du maître et sa manufacture. Plus loin des plantations de cannes, de caſiers, de cacaotiers, une allée de canneliers entrémêlés de grands ananas, des touffes de bananiers, une haie de citroniers, forment l'entourage de la savane, et les grands arbres de la forêt terminent ce beau paysage. Nous sommes chez M. Boutin, conseiller au conseil supérieur de Cayenne. Sans autre secours que celui de son atelier composé de cinquante à soixante nègres ou négresses, il a creusé le canal que j'ai parcouru, il a

construit ses bâtiments et un moulin à eau.
Il faut se placer sur ma pirogue indienne,
au milieu des singes, des perroquets, pour
concevoir combien je fus ravi du premier
aspect de cette habitation. Je voyais, pour
la première fois, dans ce vaste désert,
l'industrie et le luxe européens, car M. Boutin réunissait chez lui toutes les commo-
dités d'un propriétaire aisé. Sa maison de
bois revêtue en plâtre était ornée d'une
galerie, et posée sur une terrasse couverte
de briques et encadrée dans un mur de
quatre ou cinq pieds d'élévation : l'intérieur bien distribué était décemment
meublé. Un jardin garni de fruits et de
légumes, une basse-cour bien pourvue,
une abondance de poisson, de gibier, an-
nonçaient la bonne chère qu'on nous des-
tinait; et la sérénité, l'air robuste et satis-
fait des nègres me prouvaient aussi que
chacun dans ce séjour participait à l'aisance du maître. Voilà donc, me disais-je,
ce que je cherchais : le produit du travail
et de l'intelligence ; voilà un site magnifique, une terre féconde, une famille heu-

reuse, et qui mérite bien de l'être; car monsieur et madame Boutin, sa fille et son gendre sont les plus dignes gens du monde.

## § III.

### L'APROUAGUE. — LE RAS DE MARÉE OU LA PORORACA.

Je les quittai le surlendemain pour me rendre dans la rivière d'Aprouague. À peine eus-je quitté ma goélette à l'embouchure de la rivière, que je me vis exposé à un danger imprévu qui me saisit d'effroi. J'avais lu dans le voyage de la Condamine la description de ces *ras de marée* particuliers à la côte du Brésil, et qu'on rencontre aussi, mais rarement, sur celle de la Guyane. La mer était parfaitement calme; il n'y avait pas un souffle de vent, et ma pirogue à rames me conduisait rapidement à l'entrée de la rivière, lorsque l'Indien qui était au gouvernail et qui avait les yeux fixés sur l'horizon du côté du sud, parla avec émotion à ses camarades. Au premier mot ils se levèrent tous comme dans un temps d'exercice, et se jetèrent tous ensemble à la mer. Qu'on se figure ma sur-. prise à cette manœuvre. J'étais interdit, ainsi que les personnes qui m'accompagnaient. L'interprète, aussi pâle que moi, me dit alors : *N'ayez pas peur, monsieur, ils nous sauveront;* et les Indiens, nageant d'une main, soutenaient en riant la barque de l'autre. Tout cela se faisait sans que je susse encore ce dont il était question; mais j'entendis bientôt le mugissement d'une vague unique qui courait comme un torrent le long de la côte, et grossissait en s'approchant. Le bruit était affreux. Cette montagne d'eau qui se roulait en fureur sur une mer tranquille, et qui paraissait chercher dans cette vaste étendue ma pirogue pour l'engloutir, se présentait à moi comme le spectre de l'Océan qui me poursuivait. Je me crus submergé, lorsque je vis le volume d'eau fondre sur ma pirogue; mais mes Indiens, après avoir tenu ma barque en équilibre, avaient sauté dedans et étaient occupés à la vider, avant que je fusse bien sûr d'être hors de tout danger. Ces hommes, qui sont naturellement mélancoliques, riaient à gorge déployée de mon air épouvanté, et surtout de l'embarras que me causaient mes vêtements mouillés : ils s'estimaient sûrement plus heureux et plus sages que moi, en comparant ma toilette à la leur, et leur sauvage agilité à ma lourde civilisation. Je chargeai l'interprète de leur faire mes remerciments, et de leur dire que je leur donnerais tout ce qu'ils me demanderaient. Leurs vœux se bornèrent à une petite provision de tafia, à laquelle j'ajoutai quelque argent, qu'ils ne dédaignent pas, mais sans y mettre autant d'importance que nous [5].

## § IV.

### LES INDIENS DE L'APROUAGUE. — RÉSIGNATION.

Je me rendis au village qu'habitent ceux de la rivière d'Aprouague. On m'avait prévenu qu'il y régnait une maladie épidémique. J'ordonnai au chirurgien du poste de s'y transporter avec des remèdes, du vin et des vivres. Je trouvai ces malheureux Indiens dans leurs hamacs, ayant à peine la force de parler. Ils étaient attaqués d'une dyssenterie affreuse. Il n'y avait debout que le chef et deux de ses femmes. Je lui proposai de faire transporter ses malades à l'hôpital du fort, où on en prendrait soin. Il me répondit fort gravement que ce n'était pas la peine, qu'ils mourraient là aussi tranquillement que dans le fort d'Aprouague, et qu'ils n'auraient pas la peine du transport. Je lui répliquai qu'ils seraient voiturés commodément dans des canots, que l'eau ou l'air de son canton était empesté, et qu'il n'était pas raisonnable à lui d'y rester. — Hé bien, me dit-il, demandez aux malades ; s'ils le veulent, je le veux bien, nous les embarquerons quand vous l'ordonnerez. — J'allai moi-même dans les cases, je fis faire mes propositions par l'interprète, et tous répondirent comme le chef : « Ce n'est pas la peine, autant vaut mourir ici qu'ailleurs. » Effectivement, ils moururent tous en trois semaines sans vouloir se soumettre à aucune espèce de régime, ni prendre un seul remède. Ils avaient à côté de leur hamac de l'eau, de la cassave dont ils usaient tant qu'ils pouvaient s'aider eux-mêmes ; et quand ils n'en avaient plus la force, l'inaction, le défaut de secours, accéléraient leur fin. Je reviendrai sur ces hommes si peu connus, et dont même aujourd'hui on se forme des idées fausses.

## § V.

### SUITE DU VOYAGE. — L'OYAPOCK.

La rivière d'Aprouague, qui reçoit près du poste celle de Kouvrouei, se trouve au milieu des plus précieuses terres de la Guyane. C'est là que des travaux bien conçus, bien dirigés, payeront avec usure les avances de l'entrepreneur.

La rivière d'Oyapock n'offre pas moins de ressources, et ses terres hautes sont en général de meilleure qualité ; mais les habitants qui y sont établis n'ont pas même pris la peine de choisir en ce genre ce qu'il y avait demieux. J'avais donné rendez-vous au fort, au contre-maître charpentier que j'avais envoyé dans les forêts pour reconnaître les bois propres à la marine. Le compte qu'il me rendit de sa mission était on ne peut pas plus satisfaisant : en moins de deux mois il avait marqué plus de deux mille arbres de la plus grande beauté, et ce que je voyais moi-même sur les bords de la rivière d'Ouanary s'accordait avec son récit. N'est-il pas bien bizarre que toutes les entreprises possibles et utiles dans la Guyane soient précisément celles qu'on a dédaignées, pour s'attacher de préférence et persévéramment, à celles qui ne pouvaient promettre aucun succès.—Qui empêche, me disais-je, en me promenant dans ces forêts, que je n'établisse ici un atelier de charpentiers, de scieurs de long, et que je n'envoie à Brest, à Toulon, des cargaisons d'excellents bois de Grignon, Coupi, Courbari, Balata, etc..... Mais je n'avais pas de moyens, je ne pouvais que les solliciter [6].

Le quartier d'Oyapock contient quelques

habitants de plus que celui d'Aprouague,
mais les cultures y sont aussi désordonnées;
et si les habitants ne veulent pas se subor-
donner à des plans plus sensés, mon avis
est bien de ne pas les contraindre dans
leurs fantaisies, mais de ne pas en payer
les frais.

La rivière d'Ouanary, qui décharge ses
eaux dans celles d'Oyapock, arrose des terres
de la première qualité. La montagne Lucas
qui la domine est indiquée par la nature
comme chef-lieu d'un établissement immense. C'est là que je projetai celui de la
Compagnie.

## § VI.

### LE SOLDAT DE LOUIS XIV.

A six lieues du poste d'Oyapock, je trouvai, sur un îlet placé au milieu du fleuve
qui forme dans cette partie une magnifique
cascade, un soldat de Louis XIV, qui avait
été blessé à la bataille de Malplaquet, et
avait obtenu alors ses invalides. Il avait
110 ans en 1777, et vivait depuis 40 ans

dans ce désert. Il était aveugle et nu, assez droit, très-ridé ; la décrépitude était sur sa figure, mais point dans ses mouvements ; sa démarche, le son de sa voix, étaient d'un homme robuste : une longue barbe blanche le couvrait jusqu'à la ceinture. Deux vieilles négresses composaient sa société et le nourrissaient du produit de leur pêche et d'un petit jardin qu'elles cultivaient sur les bords du fleuve : c'est tout ce qui lui restait d'une plantation assez considérable et de plusieurs esclaves qui l'avaient successivement abandonné. Les gens qui m'accompagnaient l'avaient prévenu de ma visite, qui le rendit très-heureux ; car il m'était facile de pourvoir à ce que ce bon vieillard ne manquât plus de rien et terminât dans une sorte d'aisance sa longue carrière. Il y avait vingt-cinq ans qu'il n'avait mangé de pain ni bu de vin ; il éprouva une sensation délicieuse du bon repas que je lui fis faire. Il me parla de la perruque noire de Louis XIV, qu'il appelait *un beau et grand prince*, de l'air martial du maréchal de Villars, de la con-

tenance modeste du maréchal de Catinat,
de la bonté de Fénelon, à la porte duquel
il avait monté la garde à Cambrai. Il était
venu à Cayenne en 1730; il avait été éco-
nome chez les jésuites, qui étaient alors
les seuls propriétaires opulents, et il était
lui-même un homme aisé, lorsqu'il s'établit
à Oyapock. Je passai deux heures dans sa
cabane, étonné, attendri du spectacle de
cette ruine vivante. La pitié, le respect, en
imposaient à ma curiosité; je n'étais affecté
que de cette prolongation des misères de la
vie humaine dans l'abandon, la solitude
et la privation de tous les secours de la
société. Je voulus le faire transporter au
fort; il s'y refusa : il me dit que le bruit
des eaux dans leur chute était pour lui
une jouissance, et l'abondance de la pêche
une ressource; que puisque je lui assurais
une ration de pain, de vin et de viande
salée, il n'avait plus rien à désirer.

Il m'avait reçu d'abord avec de grandes
démonstrations de joie; mais lorsque je fus
prêt à le quitter, son visage vénérable se
couvrit de larmes; il me retint par mon

habit, et prenant ce ton de dignité qui sied si bien à la vieillesse, s'apercevant, malgré sa cécité, de ma grande émotion, il me dit : Attendez; puis il se mit à genoux, pria Dieu, et m'imposant ses mains sur la tête, il me donna sa bénédiction [7].

Je terminai là mes courses dans le sud, et me rendis dans la partie du nord, en repassant par Cayenne.

## § VII.

### M. DE PRÉFONTAINE, L'AUTEUR DE LA MAISON RUSTIQUE. — LA RIVIÈRE DE KOUROU.

Je trouvai sur les habitations de la plus belle apparence tous les signes d'une dégradation croissante dans les cultures et les produits. Quoique les propriétaires, tels que MM. les chevaliers de Béhagues, de Coux, le baron d'Hauvigts, ne manquassent ni d'activité ni de lumières, je ne fus pas content de leur obstination à tourmenter inutilement une mauvaise terre; mais ils me reçurent chez eux avec tant d'égards et de politesse, que, sans leur dissimuler tout à fait mon opinion, je ne pus me résoudre à les tourmenter eux-mêmes par mes censures et mes pronostics.

C'est à M. de Préfontaine que je réservai toutes mes confidences; sa gaieté, sa jeunesse dans un âge avancé, me mettaient plus à l'aise. Cet homme que M. de Fiedmont m'avait peint comme un fou, et qu'on regardait en France comme l'auteur de la catastrophe de Kourou, n'était ni l'un ni l'autre. Il m'attendait dans la rivière de Kourou, où il était propriétaire et commandant. J'étais empressé de voir le théâtre célèbre d'un grand désastre, et celui qui était accusé de l'avoir provoqué. J'avais déjà eu avec lui une conférence qui m'en donnait une autre idée.

L'entrée de la rivière de Kourou est plus difficile qu'aucune autre de celle de cette côte, par l'étendue et l'élévation de la barre qui la traverse; mais ce ne serait pas un invincible obstacle à la navigation de ces rivières, qui ont toutes beaucoup d'eau quand on a passé la barre. Des machines à curer y ouvriraient facilement un canal suffisant pour le passage des vaisseaux , si les cultures devenaient assez importantes pour y attirer le commerce et pour motiver des travaux de ce genre. En attendant, la rade des îles du Salut, où l'on peut faire un bon port à peu de frais, suffit au mouillage des vaisseaux qui atterrent sous le vent de Cayenne.

Le bourg et la paroisse de Kourou n'ont rien de remarquable que l'étendue du cimetière, où douze mille hommes ont été enterrés en moins de dix-huit mois [8].

Nous étions dans la saison de la sécheresse, lorsque je traversai ces sables brûlants qui présentaient à peine quelques traces de végétation. « Qui a pu donc vous décider, dis-je à M. de Préfontaine, à proposer dans ce lieu-ci l'établissement d'une nouvelle colonie?—Venez vous reposer chez moi, me répondit-il en riant, et quand je vous verrai mieux disposé à m'entendre et à me juger, vous me trouverez prêt à subir un interrogatoire et à répondre à toutes vos questions. »

Il faut remonter la rivière à deux lieues

du poste pour arriver chez M. de Préfontaine. Sa maison est sur un mornet [9] qu'il
a terrassé : il a fait pour y monter des esca-
liers de gazon, avec des repos et la forme
élégante d'un perron. La sucrerie, les cases
à nègre sont au pied du mornet, d'où la
vue s'étend sur la rivière et sur une plaine
de plusieurs lieues, distribuée en savanes
naturelles environnées de forêts. D'autres
mornets au milieu des bois s'élèvent en
amphithéâtre. Ils sont couverts d'arbres
de grandeurs et de teintes diverses. On
croit voir dans le lointain des clochers, des
maisons. Des bouquets d'arbres isolés,
quelques animaux errants dans la savane,
animent ce paysage qui présente en réalité
toutes les beautés du désert et celles d'un
magnifique jardin anglais. Mon hôte, qui
me voyait enchanté du tableau que j'avais
sous les yeux, me dit : « Êtes-vous étonné
maintenant que j'aie désiré établir ici
soixante familles de pasteurs élevant des
bestiaux et cultivant seulement des vivres
et des fourrages? Eh bien! c'est le seul
plan dont je sois l'auteur. Je demandai au

duc de Choiseul une avance de cent mille écus, pour fournir à chaque famille une case à son arrivée et quatre esclaves. Voilà mon mémoire; voici la réponse de M. Accaron, premier commis du bureau des colonies. On se dépêcha de me renvoyer ici avec la croix de Saint-Louis, le brevet de lieutenant-colonel. Je préparai modestement quelques barraques pour les premières familles, et je vis arriver M. de Chanvallon avec deux mille hommes, ensuite trois mille, ensuite tous les malheurs que vous connaissez. »

Quoi! lui dis-je, vous ne fûtes pas averti de ce qu'on préparait? « Pardonnez-moi, je sus, avant mon départ, que des gens plus accrédités que moi s'étaient emparés de mon projet; qu'on l'avait fort agrandi; que la cour avait sur la Guyane des vues d'une *profonde politique*. On ne voulait point d'objections. On me renvoyait comblé de grâces. J'ignorais ce qu'on voulait faire; que pouvais-je empêcher [10]? »

## § VIII.

### LES FOURMIS D'AMÉRIQUE.

Je traversai la rivière avec M. de Préfontaine, pour aller visiter les bois. Au milieu d'une savane unie à perte de vue, j'aperçus un monticule qui paraissait fait de main d'homme. Il m'apprit que c'était une fourmilière. — Quoi ! lui dis-je, cette construction gigantesque est celle d'un misérable insecte?... Il me proposa de me mener, non pas à la fourmilière, où nous aurions pu être dévorés, mais sur la route des travailleurs. Effectivement, en approchant du bois, nous rencontrâmes plusieurs colonnes dont les unes allaient et les autres revenaient de la forêt, rapportant des brins de feuilles et des débris de graines et de racines. Ces fourmis noires étaient de la plus grosse espèce ; mais je ne cherchai point à les observer de trop près. Leur habitation, que je n'approchai pas à plus de quarante pas, me parut avoir quinze ou vingt pieds d'élévation sur trente à quarante de base.

La forme était celle d'une pyramide tronquée au tiers de sa hauteur. M. de Préfontaine me dit que, lorsqu'un habitant avait le malheur de rencontrer une de ces redoutables forteresses dans ses défrichements, il était obligé d'abandonner son établissement, à moins qu'il n'eût assez de forces pour faire un siége en règle. Cela lui était arrivé lors du premier campement de *Kourou*. Il voulut en former un second un peu plus loin, et il aperçut sur le terrain une butte semblable à celle qui était devant nous. Il fit creuser une tranchée circulaire, qu'il remplit d'une grande quantité de bois sec ; et après y avoir mis le feu sur tous les points de la circonférence, il attaqua la fourmilière à coups de canon. L'ébranlement des terres et l'invasion des flammes ne laissaient aucune issue à l'armée ennemie, obligée de traverser dans sa retraite une tranchée remplie de feux. Quelle peut être la cause de cette immense réunion de fourmis dans un même lieu et dans une même direction de travail, d'approvisionnement et de cohabitation , lors-

qu'elles peuvent disposer de la plus vaste
étendue de terre et de nourriture? Il me
paraît vraisemblable qu'apercevant dans le
désert une multitude d'ennemis parmi les
oiseaux, les reptiles et même les quadrupèdes, tels que le fourmilier [11], contre lesquels leurs peuplades dispersées ne peuvent
rien, les meilleures têtes de la nation ont
conçu le plan d'une confédération tellement puissante et harmonique, que les
curieux mêmes qui se présentent sur les
limites de leur empire ne sont pas tentés
de les franchir. C'est de cette population
que l'on peut dire qu'elle se lève en masse
contre tout assaillant; car l'homme ou
l'animal le plus robuste qui approcherait
de la fourmilière serait en un instant
couvert et dévoré par des myriades de
fourmis. J'en ai vu depuis à Cayenne une
autre espèce non moins merveilleuse, et
plus utile en ce qu'elle peut être en paix
et en alliance avec l'homme, et qu'elle
poursuit seulement les mouches, les lézards, les chenilles, les scorpions, les
rats et les souris. Je les ai vues arriver de

la campagne en colonnes, entrer dans la ville par la porte, parcourir les maisons où on les laisse aborder sans effroi, et s'en retourner, après leur exécution, dans le même ordre et par la même porte. Je laisse aux naturalistes le soin de classer et de décrire les espèces : c'est la partie morale des animaux qui m'intéresse. S'il y avait une académie qui pût nous en expliquer les prodiges, avec quel empressement j'irais à son école [12]!

## § IX.

### IRACUBO. — LES SERPENTS.

Je voulais aller visiter les Indiens de la rivière Kourou, mais leur chef Augustin prévint ma visite qu'il redoutait. Il me dit que toute sa peuplade était partie pour une grande chasse, et qu'il n'y avait renoncé lui-même que pour avoir le plaisir de venir à ma rencontre. C'était un mensonge que je découvris quelques jours après. Augustin portait une petite croix pendue à son cou. Il parlait français, faisait profession de dé-

vouement aux blancs, et particulièrement
à M. de Préfontaine, qui me dit que c'était
un rusé coquin, mais d'un ton de plaisan-
terie dont je fus dupe. Ce ne fut qu'au bout
de quelques mois, que j'appris qu'Augustin
était un vrai brigand ; ses communications
fréquentes avec Cayenne l'avaient corrompu, on lui avait appris à aimer l'argent ; il
était avide, hypocrite et voleur ; il s'était
fait despote de son village au nom du gouvernement, et vexait ses pauvres Indiens
au point qu'ils l'abandonnèrent et se reti-
rèrent au Marony, car il est difficile au
despotisme de prendre racine dans les
foréts.

Je me rendis à Sinnamary, dont les sa-
vannes nourrissent la majeure partie des bestiaux de la colonie. J'y vis un superbe trou-
peau de buffles devenus sauvages, mais
qu'on fait encore sortir du bois au son d'une
corne, en leur jetant quelques paquets
d'herbes de Guinée. La ménagerie de M. de
La Forest, subdélégué de l'intendance, est
la seule qui soit soignée avec intelligence ; il
avait fait des plantations de fourrages, et

nourrissait ses animaux au parc dans les mauvais temps. Ces précautions, indispensables pour assurer la multiplication des bêtes à cornes, lui avaient parfaitement réussi, mais n'étaient imitées par aucun autre propriétaire. Des soldats congédiés, et une vingtaine de paysans qui ont survécu à la destruction de la nouvelle colonie de Kourou, forment la population de ce quartier et des anses d'Iracubo qui en font partie. Je parcourus leurs plantations, j'entrai dans leurs cases, et sur cinquante ou soixante familles, j'en trouvai trois seulement dans une véritable aisance, ayant un bon jardin, des vaches, des volailles, des cochons, des carrés de terre bien entretenus. Je me proposai de procurer des nègres à ces braves gens; mais pour les paresseux, les misérables, ceux dont la santé languissante ne pouvait suffire à leurs travaux, je leur destinai d'autres secours, avec le projet de les renvoyer en France; car une colonie ainsi délabrée est pour l'État une plaie, qu'il faut guérir de manière ou d'autre; et après avoir reconnu

que cette partie de la Guyane et plusieurs
autres sont propres à l'éducation des bestiaux, il ne suffit pas de les jeter dans les
savanes et de les distribuer à des hommes
sans moyens. L'institution des ménageries
doit être une entreprise combinée, qui
exige de l'ordre, des travaux, des avances,
comme tout autre entreprise. Le plan que
me présenta M. de La Forest, pour un établissement de ce genre au compte du roi,
me satisfit d'autant plus qu'il l'avait réalisé
pour son compte personnel.

C'est dans les savanes d'Iracubo, que
j'eus le plus étonnant, le plus effroyable
spectacle qu'on puisse voir ; et quoiqu'il ne
soit pas nouveau pour les habitants de la
Guyane, je ne sache pas qu'aucune relation
de voyageurs en ait jamais fait mention.
Nous étions dix hommes à cheval, dont
deux en avant pour sonder les passages,
car j'aimais à parcourir le terrain dans plusieurs directions et à me rapprocher des
grands bois. Un des nègres qui formait l'a-
vant-garde revint sur nous au galop et
me cria d'assez loin : Tenez, monsieur, ve-

nez *voir serpents en pile*. Il me montrait
de la main, au milieu de la savane, quelque chose d'élevé qui avait la forme d'un
faisceau d'armes. M. de Préville me dit
alors : « C'est sûrement un de ces rassemble-
ments de serpents, qui s'entassent les uns
sur les autres après un grand orage ; j'en
ai ouï parler, mais je n'en ai jamais vu :
allons avec précaution, il ne faut pas trop
approcher. » Nous cheminions pendant qu'il
me parlait, j'avais les yeux fixés sur la pyramide, qui me paraissait immobile. Quand
nous fûmes à dix ou douze pas, l'effroi de
nos chevaux ne nous aurait pas permis de
passer outre, et je n'en avais nulle envie.
Tout à coup la masse pyramidale s'agita, il
en sortit d'horribles sifflements ; et un mil-
lier de serpents roulés en spirale les uns
sur les autres, élançant hors du cercle
leurs têtes hideuses, nous présentaient
leurs dards et leurs yeux étincelants. J'a-
voue que je fus un des premiers à reculer ;
mais quand je vis que la redoutable phalange restait à son poste et paraissait plus
disposée à se défendre qu'à attaquer, j'en

fis le tour pour voir dans tous les sens son ordre de bataille qui faisait face à l'ennemi de tous côtés. Je cherchai alors, comme pour la fourmilière, quel pouvait être le but de ce monstrueux rassemblement, et je conclus que cette espèce de serpents avait à redouter, comme les fourmis, quelque ennemi colossal qui pouvait bien être la grande couleuvre ou le caïman, et qu'ils se réunissent ainsi quand ils l'ont aperçu, pour l'attaquer ou lui résister en masse. Je hasarderai à cette occasion une opinion que je fonde sur plusieurs autres observations; c'est que les animaux, dans le nouveau monde, sont plus avancés que les hommes dans le développement de leur instinct et dans les combinaisons sociales dont ils sont susceptibles; le silence et la solitude des bois laissant la plus grande liberté à tous leurs mouvements, les individus des mêmes espèces se rapprochent plus facilement, et les espèces les mieux organisées éprouvent sans doute cette impulsion d'un intérêt commun qui annonce et provoque, pour une même fin, le concours de tous leurs moyens ; mais après avoir reconnu dans les animaux divers degrés d'intelligence, tels que la mémoire, la délibération, la volonté, nous en sommes réduits aux conjectures sur leurs moyens de communication. Il est certain que les espèces pourvues de l'organe de la voix ont des cris d'alarme, de ralliement, d'amour et de colère ; et ne doivent-elles pas en avoir aussi pour combiner leurs chasses, distribuer les postes d'attaque et de défense, les travaux divers de leurs constructions communes, ainsi que les approvisionnements de leur cohabitation? Peut-on concevoir que les castors coupent de grands arbres, les traînent sur la rivière, en forment des pilotis, broient du mortier, bâtissent leur loge sans se parler et s'entendre? Là où il y a des rôles différents et une direction commune, il y a police, gouvernement. Nous ne connaissons point encore le pouvoir législatif des abeilles, mais bien leur pouvoir exécutif; et qui sait si leur bourdonnement, monotone pour nos organes grossiers, n'a pas la variété d'accent né-

cessaire à la promulgation et à l'exécution
de leurs lois? Quant aux espèces qui sont
ou paraissent muettes, comme les fourmis,
il me suffit d'avoir vu les dimensions de
leur vaste capitale, pour être convaincu
que leur population, qui doit être une fois
plus considérable que celle de Pékin, s'entend, se concerte et se gouverne infiniment
mieux que l'empire de la Chine. Il est difficile que le spectacle de tant de merveilles
ne nous rappelle pas un sentiment reli-
gieux à leur divin Auteur, qui a voulu
qu'au milieu de tous les êtres animés, il y
en eût un supérieur à tous les autres et
marqué d'un sceau céleste, celui de la cons-
cience.

## § X.

### LES BORDS DU SINNAMARY. — LES AMOURS AU DÉSERT. — PÊCHE A LA FLÈCHE.

Je revins à Sinnamary, sur l'habitation
de M. de La Forest, qui est la seule qu'on
puisse citer depuis Kourou jusqu'au Marony. Elle est située sur une éminence à

une portée de fusil du fleuve, dont les inondations ne peuvent lui nuire, et qui forme, dans cette partie, un magnifique canal, dont les deux rives sont couvertes de bois entrecoupés de savanes naturelles.

Nous nous embarquâmes le lendemain matin, pour remonter la rivière et visiter les Indiens établis à dix lieues du poste. Je m'arrêtais pour examiner les bois et la nature du terrain, lorsque je trouvais un abord facile sur le rivage qui est souvent marécageux. Ces différentes relâches m'ayant fait perdre du temps, je me trouvai au coucher du soleil à plus de deux lieues du village où je me proposais de passer la nuit. La lune était dans son plein, le temps parfaitement beau, mes Indiens excellents pagayeurs. Je ne balançai pas à continuer ma route. Nous observions tous un profond silence, qui semble être pendant la nuit, et surtout dans le désert, le vœu de la nature. Le courant de l'eau et son refoulement par le sillage de la pirogue, la chute cadencée des rames, le frémissement des feuilles, qu'un souffle de vent agitait dans

la forêt, formaient un concert mélancoli-
que auquel se mêla tout d'un coup une
voix humaine qui s'adressait à nous du rivage. Elle était douce, suppliante ; l'écho
la répétait : nous allâmes chercher la voix.
C'était un jeune Indien et sa femme dont
la pirogue s'était ouverte. Ils regagnaient
par terre leur village qui était à quatre ou
cinq journées de là, et se trouvant la nuit
engagés dans la forêt qu'ils ne connais-
saient pas, ils avaient de fort loin entendu
le bruit des rames et accouraient pour demander asile. Ils furent reçus dans la pirogue avec leur équipage, qui consistait
dans un hamac, un arc et une callebasse
contenant de la farine de maïs. Il était
près de minuit lorsque nous abordâmes
au Carbet, que nous aurions dépassé si le
chant d'un coq ne nous avait indiqué une
habitation. Deux chiens se présentèrent en
aboyant à notre débarquement : c'étaient
les seuls habitants du Carbet. Notre Indien
passager nous apprit que ceux-ci, n'ayant
plus de filles à marier, avaient été en
chercher dans un village dont ils étaient

anciennement séparés. Cet Indien était un
jeune homme d'une assez haute taille. Il
était beau comme un modèle, mais d'une
figure triste et sévère. Sa femme, de seize
à dix-sept ans, était l'Indienne la plus ani-
mée et la seule jolie que j'aie vue. Des tor-
ches de pin nous éclairaient en entrant dans
le grand Carbet, où toute la caravane se
réunit. Nos gens se dispersèrent ensuite
pour abattre du bois, allumer des feux et
préparer à manger ; mon hôte ne prenait
aucune part au service. Il s'était assis vis-
à-vis de moi entre son petit équipage et sa
femme, qui avait un bras appuyé sur son
épaule et le regardait tendrement. Nouvelle
épouse, elle n'avait point encore senti le
joug, porté de lourds fardeaux, ni probablement entendu la voix du maître. Elle
ne connaissait de l'hymen que les plaisirs ;
un abri sûr, une nuit tranquille lui en pro-
mettaient le renouvellement : elle était
heureuse, son mari ne l'était pas ; ses yeux
étaient fixés sur moi. J'avais parlé à la
jeune femme, je la regardais, j'étais pour
elle un homme dangereux. Il observait

tous mes mouvements : je m'en aperçus, je lui fis proposer de se retirer dans une case où on lui porterait à manger ; il répondit qu'il était bien et il resta immobile. Il se croyait plus en sûreté dans la salle commune. Je m'en éloignai alors, d'autant qu'un bruit étrange excitait ma curiosité.

## § XI.

### LES SINGES HURLEURS.

Le mouvement de vingt personnes qui abordent au milieu de la nuit dans un bois, l'abattis des arbres pour faire le feu, le retentissement des haches, le pétillement des flammes, avaient jeté l'épouvante dans une peuplade immense de singes qui habitaient la forêt, et qui, avant notre arrivée, dormaient tranquillement sur les arbres. Les premiers éveillés jetèrent un cri d'alarme qui fut bientôt répété par des milliers de voix, dont les tons se variaient à l'infini et semblaient se partager en plusieurs chœurs lointains. C'était tantôt une psalmodie bruyante à l'unisson, tantôt des cris aigus qui avertissaient d'un danger, d'une découverte. Nous entendions au-dessus de nous le mouvement des postes avancés qui sautaient de branches en branches, s'approchaient pour observer l'ennemi et fuyaient ensuite en jetant des cris affreux ; tandis que les bataillons épars à une plus grande distance de la scène, n'apercevant pas le danger, semblaient dialoguer tranquillement sur la cause qui le produisait [13]. Ce tapage dura, sans interruption, toute la nuit. Les coups de fusil, loin de le faire cesser, augmentaient le désordre ; il fallut prendre son parti ; nous soupâmes, on tendit les hamacs. Le jeune Indien ayant vu mes dispositions rassurantes étendit sa couche nuptiale dans la salle commune ; je n'étais pas encore retiré dans la mienne lorsque sa femme et lui sautèrent dans leur hamac, dont les deux pans repliés sur eux leur servaient d'alcôve et de rideaux.

Aussitôt que le jour parut, j'étais impatient de voir les manœuvres des singes, dont j'entendais toujours le bruit. J'allai

dans les bois. Les Indiens m'y avaient précédé. Il y avait parmi eux des chasseurs
que j'employais à tuer des oiseaux et des
quadrupèdes que je faisais empailler; mais
ce jour-là, c'était pour leur compte qu'ils
faisaient la guerre aux singes, dont ils
mangent volontiers la chair [14]. Lorsque
j'arrivai sur le champ de bataille, il y avait
déjà des tués, et des blessés dont les cris
douloureux m'émurent au point que je fis
cesser le feu. Les blessés, suspendus par la
queue à des branches d'arbres, lavaient
leurs plaies avec leur urine. Les femelles,
portant leurs petits sous le bras, étaient
dans l'égarement du désespoir. Ceux qui
avaient échappé au péril fuyaient et revenaient auprès de leurs camarades mourants. Ils nous regardaient, nous parlaient
avec indignation; et les pauvres bêtes, ne
pouvant faire mieux, cassaient des branches, arrachaient des feuilles et nous les
lançaient au visage. Leurs cris, leurs ges-
tes, leurs accents divers exprimaient le
sentiment d'une juste colère; et quoique
je n'entendisse pas leur langue, ma con-

science me disait qu'ils nous traitaient d'assassins, qu'ils nous demandaient compte de ces meurtres non provoqués, et qu'ils avaient, non les moyens, mais le droit et le désir de se venger. Les Indiens, qui n'éprouvaient pas mes scrupules, avaient reçu l'ordre de cesser de tirer comme une annonce du départ. Ils se dépêchèrent en conséquence de se saisir de leur proie, qu'il fallut aller chercher au sommet des arbres, où les morts et les mourants restaient toujours suspendus. Je vis alors des hommes, aussi lestes que des singes, embrasser comme eux le tronc lisse des *courbary*, et s'élancer de branche en branche pour décrocher leur gibier [15].

Le singe est sûrement à une grande distance de l'homme; mais quelques traits de ressemblance avec notre espèce nous imposent l'obligation de la pitié; et tout animal qui la sollicite par ses cris, ses larmes, son effroi, devrait-il trouver l'homme insensible? L'empire que nous exerçons sur les animaux peut être légitimé par nos besoins, mais non par nos caprices. J'ai une telle aversion pour le despotisme que je ne voudrais pas même y soumettre les bêtes.

Je me rapprochai des bords de la rivière, où j'aperçus mon jeune Indien armé de son arc et décochant une flèche. Je crus qu'il tirait un oiseau : c'était un poisson qu'il avait tué. La femme veut se jeter à l'eau pour aller chercher la flèche et le poisson ; mais un autre Indien la devance. Ils accouraient tous à l'embarcadère dont ils m'avaient vu prendre la route ; et comme ce nouveau genre de pêche me parut très-curieux et que le poisson était abondant, j'excitai l'émulation des chasseurs, qui tiraient à balles sur les carpes et manquaient rarement leur coup. Ces carpes de la rivière de Sinnamary sont le plus délicieux poisson que je connaisse. Elles ressemblent beaucoup, pour le goût, à l'ombre-chevalier du lac de Genève. Il y en a de quinze et vingt livres [16].

Après le dîner, je laissai au Carbet les présents que je destinais aux absents. Les deux jeunes Indiens, que j'avais aussi enrichis de quelques bagatelles, prirent congé de moi, et je m'embarquai pour retourner à Sinnamary.

## § XII.

### CONSIDÉRATIONS GÉNÉRALES SUR LES INDIENS DE LA GUYANE.

J'arrive à l'histoire des Indiens, sur laquelle on m'a demandé des détails que plusieurs opinions contraires à la mienne rendent indispensables.

Une histoire des Indiens, telle qu'on m'invite à la faire, ne pourrait être qu'un roman ; car il n'y a ni mémoires ni traditions constantes qui nous éclairent sur les différentes peuplades qui habitaient la Guyane avant l'arrivée des Européens, c'est-à-dire sur leurs forces ou la distribution de leurs bourgades ou hameaux. Quant à leurs mœurs, elles n'ont pas changé, et nous les voyons aujourd'hui ce qu'elles étaient alors [17]. L'invasion des premiers colons donna lieu à quelques combats dans lesquels la supériorité des armes à feu mit

promptement en fuite les naturels du pays.
Il est certain qu'ils occupaient l'île de
Cayenne et les bords de la mer sur le continent. On conçoit que l'avantage de la
pêche leur rendait ce séjour préférable à
celui de l'intérieur des terres, où nous les
avons forcés de se retirer. Mais en quel
nombre se présentèrent-ils pour défendre
leur territoire? quelle était la population
présumée de la Guyane, il y a deux et trois
siècles? et en quoi consistaient toutes les
nations dont on nous parle encore aujour-
d'hui? C'est sur quoi il n'y a aucun docu-
ment authentique dans les plus anciennes
correspondances des chefs de la colonie ou
des supérieurs des missions. Celle de Saint-
Paul, la plus considérable qu'aient établie
les jésuites français, n'a jamais compté que
mille à douze cents têtes d'Indiens bapti-
sés. Quant à ce qui en reste, les voyageurs
que j'ai consultés, Meu, Patril, Mentel et
Brodel, le chasseur Alexandre, qui ont pénétré le plus avant dans l'intérieur de la
Guyane, évaluent à trois, à quatre et jusqu'à dix mille la totalité des différentes

nations subsistantes dans une étendue de
cent vingt lieues de côtes jusqu'à cent de
profondeur. M. de Fiedmont, qui était pas-
sionné pour les Indiens, qui en a toujours
eu chez lui de différentes nations, n'esti-
mait qu'à six cents guerriers la réunion de
ceux dispersés sur notre territoire ; et parmi
une douzaine de chefs que j'ai pu voir et
interroger, aucun ne m'a dit que sa nation
excédât trois cents individus, ni qu'il en
connût une plus nombreuse. Le plus grand
nombre de leurs villages était de vingt à
cinquante familles. En réunissant à ces
renseignements ceux que j'ai pris à Surinam, mon opinion est que, dans tout l'espace de terre enfermé entre l'Amazone et
l'Orénoque, on ne rencontrerait pas, et on
pourrait encore moins réunir vingt mille
Indiens ; et que sur ce nombre, nous, Français, ne pourrions pas disposer de trois
mille.

Voilà tout ce que je peux dire de plus
positif sur la population des *Galibis*, des
*Arouaca* et des vingt autres peuples ou
nations dont parle M. Lescalier [18].

Arrêtons-nous maintenant aux détails de cette vie sauvage qui nous paraît si misérable. Nous y trouverons peut-être le degré de civilisation qui convient aux Indiens et qui suffit à leur bonheur. Premièrement, ils sont véritablement dans un état de société, ils vivent en famille, ils ont une association nationale, car leur village est pour eux la cité; ils ont un magistrat ou chef qui les représente dans leurs relations de voisinage, et qui les commande à la guerre; ils n'ont pas besoin du Code civil, n'ayant ni terres ni procès; mais les usages, les coutumes de leurs pères sont religieusement observés. La communauté délibère, le chef exécute; la paix ou la guerre, une alliance, un changement de domicile, une chasse commune, voilà toutes les délibérations de leur conseil. Cette égalité que nous avons si douloureusement cherchée sans pouvoir y atteindre, ils l'ont trouvée, ils la maintiennent sans effort; la plus parfaite indépendance est pour eux le plus précieux supplément de tout ce qui manque, selon nous, à leur civilisation, et l'on ne peut pas dire qu'ils en jouissent sans en connaître le prix. Rien n'est plus frappant pour un Européen que leur indifférence, l'éloignement même que leur cause le spectacle de nos arts, de nos mœurs, de nos jouissances. Les plus apathiques du continent sont ceux de la Guyane, mais, quelque bornés qu'ils soient, ils ont en général un sens droit; ils raisonnent peu, mais ils rendent avec précision le petit nombre d'idées sur lesquelles leur jugement s'exerce; et depuis la baie d'Hudson jusqu'au détroit de Magellan, ces hommes, si différents entre eux de tempérament, de figure, de caractère, les uns doux, les autres féroces, tous s'accordent en seul point, l'amour de la vie sauvage, la résistance à la civilisation perfectionnée; et si l'on considère combien de fatigues, de périls et d'ennui cette vie sauvage leur impose, il faut qu'elle ait un charme prédominant qui ne peut être que l'amour de l'indépendance, caractère distinctif de tous les êtres animés.

Ainsi, l'homme sauvage et l'homme civilisé sont également hors de la véritable route du bonheur, soit en se livrant avec brutalité à cet instinct de la nature, soit en l'outrageant dans leurs institutions. C'est pour ne porter aucune espèce de joug que l'Indien végète tristement dans les bois; c'est en voulant asservir à ses passions tout ce qui l'entoure, que l'homme civilisé empoisonne, pour eux et pour lui, les bienfaits de la civilisation. Ces deux excès ne peuvent être les conditions inévitables de notre destinée. Les lumières de la raison, les préceptes de la religion, les bienfaits de la liberté, voilà sans doute pour tous les hommes les seuls moyens de bonheur. Mais est-ce des cités dans les bois ou des bois dans les cités que cette triste alliance étendra plus facilement son empire? La situation et les mœurs des Indiens, philosophiquement observées, ne peuvent que nous éclairer sur cette discussion.

En réunissant tout ce que j'ai vu de cette espèce d'hommes, tout ce qu'on m'en a dit et tout ce que j'ai lu, je les trouve dans un état de société *naturelle*, tandis

que nous sommes parvenus à l'état de société *politique :* l'une est le résultat des besoins de l'homme, et l'autre, celui de ses passions. Dans l'état de société *naturelle,* la famille d'abord et la réunion de plusieurs familles composent une force sociale contre les animaux et contre les hommes ennemis. Voilà un premier but de la nature atteint. Celui de la reproduction de l'espèce ne l'est pas moins par les mariages, et dans cette union de l'homme et de la femme, il y a moins de débauche et d'immoralité dans les carbets que dans les grandes villes. Il est rare qu'un Indien, à moins qu'il ne soit chef et déjà corrompu, ait plus d'une femme jeune. C'est lorsqu'elle vieillit qu'il en prend une seconde, pour avoir encore des enfants; mais leurs ménages n'en sont pas moins paisibles. Le partage des travaux et des fonctions est une loi fondamentale de la nature, qui n'est jamais violée. Le mari chasse, pêche, construit; la femme fait le reste. Elle est soumise sans contrainte; elle sait qu'elle besoin de protection, et elle la paye par l'obéissance. Les travaux, combinés pour la subsistance commune, dans les cas d'un nouvel établissement, d'un défrichement, d'une grande chasse ou d'une pêche à la mer, s'exécutent aussi avec un concert admirable. Ils ne connaissent ni les délits ni les peines ; point d'intrigues, point de vols, point de perfidies ; leurs querelles, leurs batailles, quand ils sont ivres, sont un accès de fièvre qui se termine sans excuses et sans réparations civiles. S'il y a alliance entre les villages voisins ou lutte momentanée de forces à peu près égales, cet état de société naturelle doit se maintenir longtemps dans sa force primitive, et ne peut se perfectionner que relativement à leurs besoins, ou par l'imitation des sociétés plus avancées que la leur. Or, nous nous sommes présentés pour les exciter à l'imitation ; nous les avons appelés dans nos villes, pour les rendre témoins de notre bonheur, et ils n'en ont pas été séduits. Il est donc probable que tous leurs besoins sont satisfaits. Voyons sur ce point-là où ils sont parvenus.

Nos besoins naturels ou factices nous mettent en mouvement. Les hommes qui ont le moins de besoins sont enclins au repos. Ainsi les Indiens sont paresseux ; mais leurs talents pour la chasse et la pêche sont supérieurs aux nôtres. J'en ai vu un, au bord d'une rivière, tirer un poisson en l'air. Son point de mire formait le sommet d'un angle dont l'arc traçait un des côtés, et la flèche, en tombant perpendiculairement sur le poisson, traçait l'autre. On conviendra que cet homme des bois, sans avoir fait un cours d'artillerie, aurait été un excellent bombardier.

Ils détestent le travail de la terre, dont ils laissent le soin aux femmes, après avoir abattu et brûlé le bois ; mais ils ont toujours en grains, racines et coton, ce qui leur est nécessaire pour leur nourriture et leur ameublement, qui consiste en un hamac, donc le tissu est très-bien fait, aussi bien que par nos meilleurs tisserands. Leurs pirogues sont excellentes ; avant que nous leur portassions des haches de fer, ils en avaient de cailloux, avec lesquelles ils coupaient et abattaient leurs arbres. Leurs cases de bois de latanier ou palmiste sont légères, solides et d'une forme élégante dans leur simplicité. Elles ressemblent à de grandes tentes, qui leur suffisent pour les mettre à l'abri du vent, de la pluie, du soleil. Ils sont fort bons potiers : leurs vases de terre de toutes grandeurs résistent au feu. Leurs paniers de jonc et d'osier ont des formes charmantes, et leurs bancs, leurs tables, leurs chaises valent celles de nos villageois. Ils ont retranché de leur parure tout vêtement qui leur serait incommode ; mais ils se font des ornements en plumes, en coquillages, en verroteries, en graines rouges et noires, qui leur tiennent lieu de diamants, de dentelles ; et ils savent se défendre de la piqûre des insectes, en se frottant le corps avec du rocou. Ils ont donc, tout considéré, la somme de connaissances et l'industrie nécessaires à leur existence individuelle et à leur existence sociale. Leurs mœurs sont douces, hospitalières, inoffensives ; ils ont un commerce de bons offices, point de rapports litigieux; leurs plaisirs ne sont pas vifs, mais tous leurs besoins sont satisfaits, et quand on réfléchit à la somme d'intelligence et de combinaisons, d'essais et de travaux qui leur a été nécessaire pour arriver à l'état de sociabilité où ils sont parvenus, on ne peut pas douter qu'ils ne l'eussent perfectionné, s'ils n'avaient trouvé plus expédient de se borner au petit nombre de jouissances qu'ils se sont procurées. On n'en peut pas douter, surtout depuis que nous les fréquentons, que nous les attirons dans nos villes, dans nos ateliers, où ils s'accommodent fort bien de toutes les choses qui leur sont vraiment utiles ou agréables; telles que les liqueurs spiritueuses, nos armes à feu, nos outils de fer, et la verroterie qui leur compose des bracelets; mais notre luxe, nos maisons, nos bijoux, nos vêtements, nos repas, rien de tout cela ne peut les séduire, et notre police despotique ou servile les épouvante. Un gouverneur, un magistrat européen se mêlant d'ordonner les détails de la vie civile leur paraît un sultan, et tout ce qui lui obéit, une troupe d'esclaves. Ce que je dis de leur intelligence, de leurs combinaisons, n'est point contradictoire avec ce que j'ai dit de leur apathie, de leurs facultés bornées ; c'est toujours en nous comparant à eux, nos arts et nos jouissances aux leurs, que nous les jugeons ; mais il faut comparer leurs moyens à leur. fin, leur volonté à la manière dont ils l'exécutent : or, en supposant, comme cela est très-vraisemblable, que leur souverain bien soit la liberté et le repos, ils nous paraissent sots, insolents, stupides, quand nous les voyons pendant le jour couchés dans leurs hamacs ; mais, dans le fait, ils sont libres et tranquilles, ce qui annonce tous leurs besoins satisfaits ; et nous avons reconnu que, pour les satisfaire, ils ont tout ce qui leur faut d'industrie, d'activité et de persévérance. Ils se soumettent au travail, aux plus pénibles efforts, aussitôt qu'ils sont nécessaires. Plus agiles que Vestris, ils danseraient aussi bien que lui s'ils voulaient s'y exercer. Ils tirent mieux

que nos meilleurs canonniers, témoin celui
qui avait si bien calculé la projection d'une
flèche en diagonale ; et quant à leur persévérance, quand ils veulent quelque chose,
rien ne leur coûte pour l'obtenir ; aucune
difficulté ne les arrête : j'en ai la preuve.

Mon apparition dans leurs villages s'était
répandue à de grandes distances chez les
Indiens qui n'avaient aucune communication avec les blancs. Ils apprirent qu'un
chef blanc était venu chez leurs alliés et
leur avait fait des présents. Une tribu en-
tière de soixante individus, qui était à plus
de cent lieues de nos établissements, se
mit en route pour venir me voir. On leur
dit que j'étais à Oyapock, où je n'étais
plus. Ils parcoururent toutes les rivières
par lesquelles j'avais passé, et vinrent enfin
me chercher, après trois mois de marche,
à Surinam où j'étais alors. Cette émigra-
tion d'Indiens fut un événement dans la
colonie hollandaise. On arrêta leurs pirogues ; on leur demanda ce qu'ils voulaient.
Ils expliquèrent fort bien qu'ils cherchaient
le chef français, qu'ils avaient à lui par-

ler, et en effet, ils m'abordèrent sans embarras. Leur chef me dit : « Tu as donné des haches et des armes à feu à telle nation, nous venons t'en demander. » Je leur donnai ce qu'ils désiraient. J'eus tort d'y ajouter des liqueurs fortes, qui les mirent en fureur ; il n'y eut cependant pas de sang de répandu, et ils s'en retournèrent fort contents d'eux et de moi. Ainsi, ce que nous taxons chez eux, et ce qui a pour nous tous les caractères de l'indolence et de l'ennui, est un choix libre et raisonné de cette manière d'être et de jouir qui se convertit en un mouvement très-animé quand ils ont un but ; et ce but, qui était alors d'obtenir six haches et trois fusils pour toute la peuplade, est souvent une visite amicale d'un village à un autre. Ils s'invitent, ils se régalent, et leurs fêtes se terminent comme les nôtres, par le jeu et la danse, amusements simples et innocents, tant qu'ils ne reçoivent pas de nous de dangereuses instructions ; car parmi ceux qui nous fréquentent, il y en a déjà qui aiment passionnément le jeu de dés et qui se

louent pour avoir de quoi jouer. Mais de
toutes leurs combinaisons, la plus éton-
nante et qu'on a fort peu remarquée,
c'est leur langue douce, agréable, abondante en voyelles ainsi qu'en synonymes,
et dont la syntaxe est aussi ordonnée que
s'ils avaient une académie.

## § XIII.

### LANGUE DES GALIBIS. — TRADITIONS GÉNÉ-
### RALES COMMUNES AUX INDIENS.

Le *galibi* est la langue universelle de
tous les Indiens de la Guyane. Isaac Nasci,
très-savant juif de Surinam, en a composé
un dictionnaire qu'il m'a montré et que
j'ai parcouru. Chaque mot indien est traduit
en français, en latin et en hébreu rabbini-
que, car Isaac Nasci possède les langues anciennes, et après m'avoir fait remarquer
toutes les différentes parties de leur syntaxe, il me surprit étrangement en m'assu-
rant que tous les substantifs galibis étaient
hébraïques : le mot *ame*, dans l'une et

l'autre langue, s'exprime littéralement par *souffle* [19].

Je n'ai pas besoin de dire que l'abondance des synonymes *galibis* n'est relative qu'aux choses usuelles et aux idées familières aux Indiens ; on conçoit bien que nous avons une quantité de mots dont ils n'ont ni la connaissance ni le besoin ; nos livres, nos villes, nos spectacles, etc., n'ont aucune place dans leur dictionnaire. Ils ne savent pas même exprimer le mot *lois* ; et celui de *Dieu* s'y rend par l'expression hébraïque de maître ou seigneur, titre pour eux inapplicable à un être de leur espèce. Une autre observation du savant juif dont je parle, est que la conformité des deux langues ne porte que sur les noms de choses, tels que *pierre, arbre, terre, animal,* etc., tandis que les expressions métaphysiques, celles qui expriment des sentiments ou des idées, ne se ressemblent que dans les terminaisons. Isaac Nasci, très-occupé de sa découverte, me dit en avoir fait part à la Société royale de Londres et à M. de Voltaire, auquel il

avait écrit des lettres très-spirituelles sur
sa déclaration de guerre aux juifs et à la
*Genèse*, que Nasci défendait en chronolo-
giste plus qu'en théologien ; car il n'y avait
ni pédanterie ni fanatisme dans son éru-
dition. Ses études sur la construction et
l'origine des langues, sur le caractère par-
ticulier de la langue des Indiens, l'avaient
conduit à croire à l'existence d'une langue
primitive, dont l'altération, par la disper-
sion des familles et des peuplades, avait
produit divers dialectes. Ce système est au
nombre de ceux qu'on peut admettre ou
rejeter ; mais il est difficile à un homme
qui connaît les sauvages et l'histoire ancienne de ne pas admettre quelques institutions traditionnelles, communes à la
grande pluralité des familles du genre humain. Comment se fait-il que l'arc des Indiens de la Guyane soit précisément le
même que celui des Parthes et des Nu-
mides ? que leur bouclier soit celui des
Romains ? La lance, le javelot se trouvent
dans toutes les îles de la mer du Sud, comme
chez les Grecs et les Asiatiques. Si nous

considérons ces sauvages comme indigènes, comme ayant habité de tout temps, eux et leurs pères, la terre qui les nourrit, de qui tiennent-ils leurs arts, leurs découvertes, la langue qu'ils parlent sans en pouvoir analyser ni les temps ni les verbes? et comment se sont-ils rencontrés dans presque toutes leurs institutions, leurs mœurs, leurs habitudes, avec les anciens peuples et les sauvages modernes de toutes les parties du globe? Il me semble qu'on ne peut résoudre ces questions qu'en supposant dans la nature et l'organisation de l'homme un premier type universel de *société naturelle*, qui s'est transmis de la première famille à toutes les autres, ou qui s'est développé partout où se trouve une portion quelconque du genre humain. Dans l'un ou l'autre cas, nos sauvages de la Guyane, tout bornés qu'ils nous paraissent, sont, comparativement à ceux des Terres magellaniques et à plusieurs peuplades des îles de la mer du Sud, ce qu'étaient les Athéniens comparativement aux Scythes. Ils nous représentent plutôt l'amélioration de la *société naturelle* que la dégénération ; et tout en concevant la perfectibilité par leur rapprochement de nos sociétés *politiques*, il est plus que douteux que, devenant leurs instituteurs, nous les rendissions plus sages et plus heureux.

## § XIV.

### LES INDIENS ET L'INDUSTRIE EUROPÉENNE. — CONCLUSION.

Peu après mon arrivée à Cayenne, une des missions projetées dans la baie de Vincent Pinçon fut établie. Nous y convoyâmes deux prêtres, des ouvriers, des marchandises de traite et un détachement de fusiliers commandé par un sergent aux ordres des missionnaires ; ceux-ci parcoururent la baie, rassemblèrent les Indiens, et, moyennant les présents qu'ils leur firent, ils parvinrent à les réunir tous les dimanches dans la chapelle qu'ils avaient fait construire ; ils les catéchisaient, les baptisaient et les faisaient assister au service divin, en leur distribuant chaque fois une ration de tafia.

Les approvisionnements s'étant épuisés, les Indiens restèrent dans leurs carbets. Le missionnaire commandant eut l'indiscrétion de les envoyer chercher par des fusiliers; les Indiens résistèrent et nous députèrent leurs chefs, qui arrivèrent à Cayenne avec leurs familles, pour nous porter leurs plaintes. M. de Fiedmont étant absent, ils se rendirent chez moi, et voyant leur image et leurs mouvements répétés dans les glaces qui ornaient la salle où je les reçus, ils débutèrent par des cris de joie et de surprise; ils se mirent à danser, touchant les glaces et leur parlant, cherchant à voir ce qui était derrière : mais ce premier mouvement calmé, et sans attendre l'explication du prodige, ils reprirent leur contenance grave, s'accroupirent sur le parquet et, me fixant d'un air mécontent, me tinrent à peu près ce discours, en présence du préfet apostolique et de plusieurs officiers civils et militaires :

« Nous venons savoir ce que tu nous veux, pourquoi tu nous as envoyé des blancs qui nous tourmentent? Ils ont un traité avec nous, qu'ils ont violé les premiers. Nous étions convenus, moyennant une bouteille de tafia par semaine, de venir les entendre chanter et de nous mettre à genoux dans leur carbet; tant qu'ils nous ont donné le tafia, nous sommes venus; quand ils l'ont retranché, nous les avons laissés sans leur rien demander. Pourquoi nous ont-ils envoyé des soldats pour nous conduire chez eux? Nous ne le voulons point. Ils veulent nous faire labourer à la manière des blancs, nous ne le voulons pas davantage; nous pouvons te fournir vingt chasseurs et pêcheurs, à trois piastres par mois pour chaque homme : si cela te convient, nous le ferons; mais si tu nous fais tourmenter, nous irons établir nos carbets sur une autre rivière. »

Je voulus profiter de cette occasion pour connaître leurs idées religieuses. L'interprète était intelligent et parlait facilement leur langue; je les accablai de questions; à plusieurs desquelles ils ne répondirent rien, ou seulement ces mots, *nous ne savons;* notamment sur l'immortalité de l'âme. Ils croient à la création et à la conservation du monde par un être tout-puissant, mais ils n'ont ni culte ni cérémonies; et quand je lis dans quelques relations qu'ils ont des prêtres, des médecins, des rites superstitieux, je suis fondé à rejeter cette assertion [20]. Ils ont un sentiment de justice naturelle qui les dirige, et paraissent disposés à la croyance d'une autre vie plus heureuse que celle-ci, à en juger par le respect avec lequel ils traitent les morts; mais comme ils n'ont ni annales ni traditions doctrinales, j'ai vu et entendu dire qu'ils ne s'expliquaient jamais sur cette croyance, tandis qu'ils parlent fréquemment du *maître de tout* dont l'existence leur parait démontrée; et c'est une chose bien remarquable, que ces hommes grossiers aient sur la Divinité des idées plus justes que les peuples les plus polis de l'antiquité. S'ils ne connaissent pas les vérités révélées, et s'il est difficile de les leur faire entendre, au moins ne sont-ils pas imbus des absurdités du polythéisme grec et romain. Ils n'ont pas ce risque à courir en se soumettant à nos instructions; mais à moins d'en

faire de parfaits chrétiens, comment n'hé-
siterions-nous pas à leur faire connaître
toutes les angoisses de la richesse et de la
pauvreté, nos vices et nos besoins? Souve-
nons-nous, avant de les attirer à nous,
qu'aucun Indien n'a jamais été tenté de se
tuer; qu'affranchi de toute dépendance, il
n'a au-dessus de lui d'autres pouvoirs que
ceux de la nature, et que s'il a peu de ver-
tus, la liberté de ses goûts et de ses pen-
chants est rarement criminelle.

Si de cette enfance de la société, qui nous
en rappelle l'innocence, nous jetons un
coup d'œil sur celle où nous vivons, nous
ne formerons pas le vœu du philosophe de
Genève, de retourner dans les bois, ou de
ramener nos institutions à leur antique origine. Quand on considère combien s'est
agrandi pour nous le domaine de la pensée, cette seule conquête pourrait com-
penser toutes nos servitudes, et suffit au
moins pour en alléger le poids. Elle nous
prouve aussi par les faits qu'il n'est pas
dans la destinée de l'homme de s'arrêter
aux plus simples combinaisons de l'ordre

social, et que cette faculté d'intelligence, qui, même en en abusant, s'étend par l'exercice, ne saurait être rétrograde. Il y a sans doute un beau idéal dans l'ordre social, et ce qui est moins chimérique, une amélioration progressive qu'il ne peut nous être refusé d'atteindre.

# NOTES



# VOYAGE DE MALOUET.

———

La biographie de cet écrivain se trouve
partout, et nous n'avons pas l'intention de
la reproduire ici ; nous nous contenterons de
donner quelques dates pour mieux faire apprécier au lecteur les conditions dans lesquelles se trouvait le voyageur au moment
où il écrivit et où il publia son opuscule. —
Pierre-Victor Malouet était né à Riom, en
1740 ; il avait étudié chez les oratoriens, puis
s'était décidé à suivre un cours de droit.
C'est vers 1763 qu'il faut placer ses essais de
poésie dramatique, qu'il abandonna d'après
les conseils du tragédien le plus éminent de son
siècle. Il partit à cette époque pour Lisbonne
en qualité de chancelier du consulat ; revenu
en France, il entra au service de la marine, et

devint ensuite secrétaire des commande-
ments de madame Adélaïde. Ce fut en 1774
que M. de Sartine l'envoya à Cayenne, mais
il avait déjà visité Saint-Domingue, lorsqu'il
fut chargé de l'administration de cette colonie ; il repassa en France en 1779. Nommé
député aux états généraux, il y défendit la
monarchie et fut obligé d'émigrer en 1792.
En 1801, il revint en France et y occupa le
poste de commissaire général de la marine ;
en 1812, une disgrâce l'éloigna de ces fonctions importantes ; en 1814, Louis XVIII le
nomma ministre de la marine. Il mourut à
Paris, peu de mois après sa nomination.
La première édition de cette relation, écrite
d'une façon si simple et si pittoresque à la
fois, parut d'abord sous forme de notes ;
deux ans après, à la sollicitation de Suard,
Malouet la publia de nouveau dans le recueil
que celui-ci dirigeait, où il avait déjà donné
le récit en prose intitulé les *Quatre Parties
du jour*. Dans l'intérêt de ce petit *souvenir
littéraire*, on a cru devoir élaguer de la troi-
sième édition des détails surabondants et
se rattachant d'une façon trop évidente aux
projets de l'administrateur. On a emprunté
également le début de l'opuscule à une description qui fait partie des *Quatre Parties du*

*jour,* et qui se lie essentiellement, par sa date, aux souvenirs du voyageur.

[1] Ces îles malheureuses semblent vouées par leur climat et par leur position au terrible fléau que signale ici Malouet ; la plus récente de ces catastrophes a eu lieu en 1847 ; mais de 1831 à 1833, une épouvantable famine fit périr environ trente mille individus. Voyez le beau *Voyage aux Antilles, à Ténériffe et à Fogo,* de M. Sainte-Claire-Deville. Paris, 1848, in-4°, p. 170.

[2] Il ne faut pas trop généraliser l'observation de Malouet sur les envahissements de l'Océan. Voyez notamment, pour les côtes de la Saintonge, une remarquable étude de M. A. de Quatrefages (15 mai 1833 de la *Revue des Deux-Mondes*). Le fleuve des Amazones, dont l'auteur a si bien décrit l'embouchure, excite plus qu'à une autre époque l'intérêt des gouvernements. Une compagnie vient d'être fondée au Brésil, pour y organiser un service de bateaux à vapeur, qui aurait son siége à Bélem du Para. On ne peut calculer où s'arrêtera la prospérité du vaste territoire que baigne le fleuve, lorsqu'une navigation régulière y portera le

travail et la vie. Les immenses explorations des Tardy de Montravel, des Le Serrec de Kervily, des Schmidt, des Accioli, des Baena, et, en dernier lieu, les documents géographiques fournis par M. de Castelnau, aussi bien que par M. Osculati, ouvriront une nouvelle voie aux spéculations agricoles, les seules désirables, bien que les rives du Napo, l'un des tributaires les moins connus de l'Amazone, semblent devoir renouveler par leur richesse les merveilles de la Californie. Grâce au système gigantesque de canalisation intérieure, auquel Humboldt assigna le premier son imposante destination ; grâce aux ramifications non moins extrordinaires qui permettront à l'Amazone et au Rio de la Plata de s'unir, lorsqu'on aura pratiqué un canal de quelques brasses dans les déserts du Mato-Grosso, on verra se réaliser tous les prodiges commerciaux annoncés avec tant de persevérance par Vicente Pazos, l'ancien consul de Bolivie. Les rives de l'Amazone, comme celles du Mississipi, sont réservées dans l'avenir à un degré de prospérité auquel on ne saurait fixer aujourd'hui des limites.

[3] C'est ce chapitre seulement qui a été extrait des *Quatre Parties du jour* ; il sert

naturellement d'introduction au reste du récit.

[4] Il s'agit ici du *cucheri* et du *pechurim* (*laurus Pulcheri*), si répandus dans les forêts du Brésil. Le premier est connu aussi sous le nom de gérofle du Maranham ; le second, qui fournit un condiment appelé *toute épice*, est fort répandu au Para ; dans la Guyane on le nomme *pouchiri*. Voyez Bajon et Schomburgk. Ce dernier voyageur affirme avec raison que les arbres de la famille du laurier sont très-abondants dans la Guyane ; il nomme le *laurus cinnamomoides* et le *mabaima*.

[5] Ou *póróróca*. Cette expression, empruntée aux indigènes, est évidemment une onomatopée : elle rappelle un phénomène connu à l'embouchure de la Garonne sous le nom de *mascaret*.

[6] Une trentaine d'années avant ce voyage, M. Godin des Odonais avait donné d'excellents renseignements sur les bois de construction répandus dans les forêts de la Guyane. (Voyez l'intéressante *Bibliographie* de M. Victor de Nouvion). — Un voyageur des plus

éminents, Schomburgk, a publié à ce sujet des renseignements d'une grande valeur. La sagacité que portait Malouet dans ses investigations lui avait fait sentir de quelle importance étaient les forêts de la Guyane, au point de vue agricole et maritime. C'est surtout dans l'ouvrage de M. Noyer, intitulé *Forêts vierges de la Guyane,* qu'il faut étudier cette question.

[7] Le centenaire de la rivière d'Oyapok s'appelait Jacques Blaisonneaux ; on le désignait à la Guyane sous le nom de Jacques des Sauts, en raison de la prédilection singulière qu'il avait pour le bruit des cascades. Après la fameuse bataille qui l'avait contraint à prendre ses invalides, il avait été pansé de ses blessures par Fénelon, il lui était resté un pieux souvenir du grand écrivain. Entré en qualité d'intendant chez les jésuites, il s'était livré avec ardeur à l'agriculture dans la solitude, et il avait fait une sorte de fortune. Dans les dernières années d'une si laborieuse existence, cette aisance l'abandonna ; sa raison même fut ébranlée. Il mourut peu de temps après le passage de M. Malouet, vers 1779 : on affirme qu'il avait environ 112 ans ; son ermitage fut alors abandonné.

« Les arbres qu'un reste d'industrie entretenait finirent par se flétrir, et la terre reprit sa stérilité. » (Voyez, dans la *Physiologie des passions* par Alibert, l'épisode de Jacques des Sauts.)

[8] On a publié sur cette déplorable catastrophe une brochure intitulée : *Précis historique de l'expédition de Kourou* (1763-1765). Paris, 1842, in-8°. La bibliothèque impériale, qui renferme les papiers de Chanvalon, offre également des documents pleins d'intérêt sur cet événement trop célèbre.

[9] Diminutif d'un mot qui n'est guère en usage que dans nos colonies : il signifie colline abrupte, lieu élevé.

[10] De Préfontaine était en effet innocent des coupables menées qui amenèrent la ruine de l'expédition. Né dans la colonie, il en connaissait bien les ressources, et le livre qu'il a laissé sur l'agriculture locale est un livre essentiellement pratique; il est intitulé : *Maison rustique à l'usage des habitants de la partie de la France équinoxiale connue sous le nom de Cayenne*, par M. de Préfontaine, ancien habitant, chevalier de l'ordre

de Saint-Louis, commandant de la partie nord de la Guyane. Paris, 1763, 2 vol. in-8.

[11] Il s'agit ici du tamanoir (*myrmecophaga jubata*). Il y en a à la Guyane trois espèces. Le savant Schomburgk a donné sur cet animal de précieux renseignements ; on trouve sur ses mœurs et sur ses habitudes des observations complétement neuves dans le *Magasin pittoresque* (année 1844).

[12] On peut bien attribuer aux fourmis ce que Linné a dit d'un autre insecte destructeur : *Termes utriusque Indiœ calamitas summa!* Leur présence est en effet une calamité telle, qu'un Européen peut se faire difficilement une idée des ravages qui se multiplient sur leur passage. Écoutons un moment ce que dit Lund en décrivant les campagnes du Brésil. « J'avais toujours regardé comme exagérés les récits que font les voyageurs du tort que certaines fourmis causent aux arbres, en les dépouillant en peu d'instants de leur feuillage ; mais voici un fait dont j'ai été moi-même témoin, et qui est relatif à l'espèce connue depuis longtemps sous le nom d'*atta cephalotes*.... Passant un jour auprès d'un arbre presque isolé, je fus

surpris d'entendre par un temps calme le bruit des feuilles qui tombaient à terre comme de la pluie... Ce qui augmenta mon étonnement, c'est que les feuilles détachées avaient leur couleur naturelle, et que l'arbre semblait jouir de toute sa vigueur. Je m'approchai pour trouver l'explication de ce phénomène, et je vis qu'à peu près sur chaque pétiole était postée une fourmi qui travaillait de toute sa force; le pétiole était bientôt coupé et la feuille tombait par terre.... en moins d'une heure le grand œuvre s'accomplit sous mes yeux, et l'arbre resta entièrement dépouillé. » Le savant Aug. de Saint-Hilaire, qui cite ce passage et le lie à ses propres observations, ajoute : « Lorsque les individus pourvus d'ailes viennent à se montrer, les nègres et les enfants les ramassent et les mangent... Ce n'est pas, au reste, uniquement dans la province du Saint-Esprit que l'on se nourrit des grandes fourmis ailées; on m'a assuré qu'on les vendait au marché de Saint-Paul, réduites à l'abdomen et toutes frites; j'ai mangé moi-même un de ces animaux, et ne leur ai point trouvé un goût désagréable. » (*Second Voyage au Brésil*, t. II, p. 180.)

[13] Il s'agit ici probablement de l'espèce de singes connue sous le nom de *simia Beelzebuth* (le *guariba* ou *barbado* des forêts du Brésil, qui, dans ce pays comme dans la Guyane, marche toujours par troupes). C'est surtout aux hurlements prolongés qu'il fait entendre dès le lever de l'aurore et au coucher du soleil, qu'il faut attribuer les contes débités à son sujet. Les cris de plusieurs individus réunis, prolongés avec une espèce d'accord, rappellent la psalmodie monotone qu'on entend dans certains couvents. M. A. de Saint-Hilaire, si exact dans ses observations, dit avec beaucoup de justesse qu'à ces cris succède un bruit « à peu près semblable à celui que fait le bûcheron quand il frappe les arbres de sa cognée. » (Voyez ce que nous avons dit sur ces singes dans notre ouvrage intitulé *le Brésil*, p. 70.)

[14] Quelques indigènes préfèrent le singe à toute espèce de gibier. M. de Humboldt a dit à propos de la chair musquée du cabiai : « Nous lui préférions sur les bords de l'Orénoque les jambons de singe. » ( *Tableaux de la nature*, 2 vol. in-8. Voyez l'excellente trad. de M. Ferd. Hœfer.)

[15] Les Indiens qui accompagnaient Malouet appartenaient à la nation des Galibis, qui passe pour la race la plus forte et la plus agile de ces régions. On a toujours respecté ici l'orthographe adoptée par le voyageur, mais il serait plus exact d'écrire *courbaril*. L'*hymœnea courbaril* atteint de fortes dimensions et fournit d'excellent bois pour la charpente ; il donne aussi une gomme estimée.

[16] La *carpe*, l'*aimara* et le *coumarou* se trouvent ordinairement dans le haut des rivières. Le célèbre Schomburgk, auquel il a été donné de réaliser les grandes prévisions géographiques de Humboldt, insiste sur les nombreuses variétés de poissons délicieux que l'on rencontre dans les cours d'eau qui baignent l'intérieur. L'*arapaïma* ou *piraruca*, et une espèce de silure, le *lau-lau*, « ont, d'après le dire de ce voyageur, de dix à douze pieds de long et pèsent jusqu'à trois cents livres. »

[17] Nous ne partageons pas ici l'opinion du judicieux écrivain. Toutes les tribus de la côte, sans exception, ont subi dans leurs mœurs, dans leurs usages, dans leur langage même, de profondes modifications, et cela,

toujours à leur désavantage. Vers le milieu du seizième siècle, il y avait telle nation de la Guyane ou du Brésil qui pouvait mettre aisément sur pied une armée plus considérable à elle seule que toute la population actuelle. L'idiome harmonieux de ces peuples, radicalement le même depuis le Rio de la Plata jusque bien au delà du fleuve des Amazones, a subi lui-même les plus notables changements. La belle grammaire de la langue des Tupinambas, rédigée vers 1550 par le célèbre Anchicta, le prouve d'une manière suffisante ; elle paraissait tellement surannée dès le temps où Figueroa fit paraître la sienne (c'est-à-dire vers le milieu du dix-septième siècle) qu'elle ne pouvait déjà plus servir.

[18] On n'a rien dit de mieux sur la condition présente des indigènes, que ce qui a été dit en si bons termes par Malouet. La dépopulation des Aldées appartenant à cette race malheureuse a toujours été croissant, mais peut-être quelques centaines d'individus sont-ils allés chercher un refuge dans les forêts de l'intérieur. Il y a un peu plus de dix ans, l'excellent rapport sur la Guyane française qui fut présenté au gouvernement,

et dont la rédaction est due à M. Paul Tiby, faisait monter à sept cents tout au plus le nombre des Indiens répandus autour de nos établissements; ils appartiennent en général aux débris de ces anciennes nations que l'on désignait sous les noms de *Galibis*, d'*Approuagues*, d'*Émérillons* et d'*Oyampis*. Daniel Lescallier, auquel notre admiration pour les talents et le caractère de Malouet ne nous empêche pas de rendre justice, avait étudié ces débris de nations indiennes, et était allé même les observer dans les solitudes de l'intérieur; rien de ce qu'il dit au sujet de leur civilisation ne nous paraît impraticable. Il est certain, et le voyage de Leblond en offre la preuve, que les tribus disséminées dans l'intérieur sont plus nombreuses, et offriraient par conséquent plus de ressources à la colonie. Les Indiens que l'on rencontre encore dans les forêts explorées par nos colons ne sont que des débris de l'ancienne nation des Galibis, sur lesquels Biet nous a conservé de si précieux détails au dix-septième siècle, et que le savant Alcide d'Orbigny range dans son rameau de la race guarani-brésilienne. (Voyez *l'Homme américain*.) Ces pauvres Indiens, prêts à s'éteindre, pouvaient mettre jadis plusieurs milliers de guerriers sous les armes, et possédaient un langage assez riche dans ses formes grammaticales, pour qu'un missionnaire zélé en ait composé un traité spécial. Ce livre est intitulé : *Introdvction à la langve des Galibis savvages de la terre ferme de l'Amériqve méridionale*, par M. Pierre Pelleprat, *de la compagnie de Jésvs*. Paris, 1655, in-12. Il faut le dire avec douleur, bientôt ce petit traité d'une langue indienne sera tout ce qui restera d'une nation vaillante, et chez laquelle nous eussions pu trouver autrefois de puissants auxiliaires pour le défrichement des forêts. Les Galibis ont rencontré, au commencement du siècle, dans le docteur Leblond et dans Lescallier deux appréciateurs pleins de lumières et pleins d'équité; ces deux hommes, éminents à des titres divers, avaient préconisé dès lors une mesure que le gouvernement met aujourd'hui à exécution, et dont les heureux résultats sont dès à présent hors de doute ; nous voulons parler de la colonie pénitentiaire, qui délivre nos ports d'une population si dangereuse. En reproduisant l'opuscule tout littéraire d'un sage administrateur, il est juste de signaler à la reconnaissance publique les vues grandes et utiles de deux hommes presque oubliés, et qui furent ses contemporains. Dans cette petite revue rétrospective, qu'il nous soit permis également de signaler l'opuscule dans lequel le général Bernard donne de si sages conseils aux agriculteurs de la Guyane. Ce vénérable vieillard, que la mort vient d'enlever, avait pratiqué longtemps ce qu'il se plaisait à enseigner dans les derniers temps de sa vie, et s'il prouve que la culture du rocou, toute spéciale à la Guyane française, peut être la source d'un revenu considérable, il met en évidence, d'après ses propres essais, tout ce que l'on pourrait tirer de la culture du poivrier, de la greffe du muscadier sauvage, et de la propagation de la vanille, qui, traitée par des procédés nouveaux, prendrait bientôt une extension dont il indique les résultats. Sa brochure, trop peu répandue, est intitulée : *Coup d'œil sur la situation agricole de la Guyane française*. Paris, 1842, in-8.

[19] C'est une préoccupation analogue, et dont la science moderne a fait justice, qui a valu cependant au monde savant la plus vaste collection qui ait encore été donnée sur les antiquités américaines ; on peut s'en assurer en parcourant quelques-uns des mé-

moires de lord Kingsborough; ils ont été insérés par lui dans un livre magnifique, dont il est l'éditeur et qu'il a intitulé : *Antiquities of Mexico*. Londres, 1830, 7 vol. in-folio. Le noble lord partageait l'idée si excentrique d'Isaac Nasci, et pour la faire triompher, il n'a pas craint, dit-on, de dépenser un capital de quinze cent mille francs.

[20] Comme tous les voyageurs de son siècle, Malouet n'avait que des idées fort confuses sur l'état ancien des peuples de l'Amérique, ce qui ne l'empêche pas de porter le jugement le plus sûr, lorsqu'il s'agit de caractériser le sauvage isolé dans ses forêts. Au temps où les Galibis comptaient, comme les autres peuplades de la côte, des tribus de dix ou douze mille individus, chaque village avait ses *Piayes*, *Piaches* ou *Boyes*, dépositaires de la tradition et tout à la fois médecins, prêtres et devins. Dans un État hiérarchique naturellement fort simple, ce grade ne s'obtenait qu'à la suite d'épreuves plus redoutables que celles réservées au guerrier. A eux appartenait de préserver les grands événements de l'oubli, et ils le faisaient dans un tel langage que, selon le vieux Chevet, il lui semblait en les écoutant ouïr quelque baye d'*Homère*.

# M<sup>ME</sup> GODIN DES ODONAIS

La *Biographie universelle* des frères Michaud a consacré un long article à madame Godin des Odonais, mais on y chercherait vainement d'autres détails que ceux qui nous ont été transmis par La Condamine. A partir de l'année 1773, tous les recueils consultés par nous se taisent sur cette grande infortune. Après avoir raconté les indicibles malheurs de cette femme, qui excitait l'intérêt de La Condamine à un si haut degré que ses dernières pensées furent pour elle, il nous eût été doux de la faire voir à l'abri de toute inquiétude et n'ayant plus d'autres souffrances à redouter que celles qui lui venaient de ses souvenirs : la vie de la pauvre voyageuse s'efface dès qu'elle a touché le port. Madame Godin des Odonais était une femme aimable ; cette qualification lui est donnée par un des hommes les plus spirituels de son siècle, en même temps qu'il en était un des plus savants. La généreuse indignation qu'elle montra lorsqu'on eut dépouillé les Indiens d'un riche présent qu'elle leur avait fait, mais que les lois uniformes qui régissaient les missions espagnoles ne permettaient peut-être pas de leur laisser, l'attitude pleine de dignité, et on peut dire aussi pleine de compassion, qu'elle conserva avec le misérable auteur de tous ses maux, mille autres circonstances qu'on peut saisir dans le récit un peu verbeux de son mari, quoique ce récit soit peu détaillé, attachent involontairement à sa mémoire et donnent une haute idée de son caractère. Nos recherches nous ont prouvé qu'elle n'existait plus dès les premières années de la révolution. Godin des Odonais mourut en 1793, dans le district de Saint-Amand, et les loisirs que lui avait créés la sollicitude de La

Condamine le mirent sans doute à même d'adoucir cette profonde amertume d'un cœur dévoué, et qui n'avait consenti qu'une seule fois à lui parler de ses souffrances.

Le nom de Godin des Odonais se confond souvent avec celui de l'astronome qui passa plus tard au service de l'Espagne, et dont l'illustre secrétaire de l'Académie des sciences paraît avoir eu à se plaindre en plus d'une circonstance, tandis que sa chaleureuse sollicitude n'abandonna jamais son parent, qu'il honorait d'une sincère amitié. M. Godin des Odonais s'était rendu digne de cet intérêt persévérant par d'excellents travaux ; non-seulement il avait donné, sur les bois de la Guyane, un mémoire qui a été inséré dernièrement dans un utile recueil, mais on sait qu'il avait rédigé complétement un dictionnaire, de l'une des deux langues parlées au Pérou, et que la grammaire du même idiome avait été dictée également à un neveu qui vivait avec lui dans sa retraite du Berri. Ces deux manuscrits existaient encore en 1795. Si les vœux de l'ancien compagnon de La Condamine avaient pu être remplis, la mission scientifique à laquelle se rattachent tant de souvenirs se fût complétée, et ce travail eût comblé une lacune dans les travaux du dix-huitième siècle. Quelque illustration qu'en eût pu tirer l'auteur, ce ne serait plus aujourd'hui qu'un souvenir bien effacé; un grand courage et un grand malheur placent désormais le nom de madame Godin des Odonais parmi ceux qu'on ne peut oublier.

Je ne sais plus quel vieux missionnaire, pénétrant dans les forêts qui bordent l'Amazone, s'écria, ravi par l'enthousiasme: *Quel beau sermon que ces forêts!* D'un mot il essayait de faire comprendre ainsi leur sublime beauté; d'un seul mot en effet, pour qui a des souvenirs, il peignait ces immenses arcades formées par les vignaticos joignant à quatre-vingts pieds leurs branches robustes, comme les ogives de nos cathédrales s'entrelacent dans leur sublime régularité. D'un mot il peignait ces lianes verdâtres entourant dans leurs spirales immenses quelque vieux tronc de sapouyaca, ainsi qu'un serpent qui se tiendrait immobile comme le serpent des Hébreux attaché à sa colonne d'airain. D'un mot, il peignait encore ces aloès, coupes du temple, qui ouvrent à l'extrémité des jacquétibas leurs calices immenses de verdure, prêts à recevoir la rosée du ciel ; puis ces candélabres de cactus qu'un rayon de soleil vient quelquefois dorer, et qui se parent d'une grande fleur rouge comme d'un feu solitaire ; puis ces guirlandes d'épidendrum se balançant au souffle des vents et fuyant l'obscurité des forêts pour jeter leurs fleurs au-dessus du temple ; puis ces bignonias, guirlandes éphémères qui forment mille festons. Il disait aussi, le vieux moine, ce cri majestueux du guariba, dont le silence est interrompu vers le soir, et qui se prolonge comme la psalmodie d'un chœur, tandis que le ferra-

dor, jetant par intervalle son cri sonore,
imite la voix vibrante qui marque les heures
dans nos cathédrales [2].

Les grands souvenirs historiques ne
manquent pas à cette solitude : Aguirre y
égorgea sa fille ; Orellana y suivit Diego
Pizarre, et, prétendant lui ravir sa gloire,
livra ses compagnons à toutes les horreurs
de la faim.

Un jour, ces voûtes sombres retentis-
saient de sanglots à demi-articulés ; ce
n'était ni le cri plaintif du sauvage, ni le
miaulement entrecoupé du jaguar blessé
par le chasseur. Pas un chasseur n'avait
paru depuis bien des journées dans cette
solitude ; le tigre lui-même avait cherché
d'autres forêts, et les oiseaux, incertains
dans les airs, cherchaient en silence un autre asile. Des cris se prolongèrent encore,
et la forêt demeura dans le repos : on n'en-
tendit plus que le bourdonnement confus
de ces milliers d'insectes piqueurs qui se
balancent en nuages épais dans les forêts
américaines, au milieu des vapeurs chaudes
qu'on voit s'élever du fleuve, et qui, vers

la fin du jour, s'abaissent sur la savane comme un linceul de mort.

Si quelque voyageur eût pénétré dans cette solitude, voilà ce qu'il eût vu, et je n'ajoute rien à la terrible vérité : Une femme qu'à ses vêtements de soie en lambeaux, à la chaîne d'or qui pendait encore à son cou, on pouvait reconnaître pour avoir joui de toutes les mollesses de l'opulence; une pauvre femme n'ayant plus de force que par son âme, n'ayant plus de courage que par son cœur, était couchée près de sept cadavres. Ces cadavres ne sont pas sanglants, le jaguar ne les a pas déchirés, l'Indien ne les a pas frappés de sa flèche empoisonnée [3]; une mort bien plus lente les a abattus de son souffle invisible : c'est la faim qui les a tués.

Parmi ces corps livides, il y a trois jeunes femmes, deux enfants, deux hommes qui ont dû résister longtemps, car ils ont encore l'aspect de la force; mais, je me trompe, le moins âgé n'est point mort encore; il bégaie des mots d'agonie, et cette femme, dont je vous parlais tout à l'heure,

elle se lève avec effort; elle veut encore
entendre une voix humaine au milieu de
cette solitude qui va rentrer dans un affreux
silence; elle veut recueillir les dernières
paroles de son frère, car cet homme c'est
son frère, et elle comprend, à ses propres
tourments, que c'est pour la dernière fois
que les sons rauques de sa voix se mêle-
ront au souffle oppressé qui s'arrête..... Ce
cadavre vivant la regarde, puis il retombe
dans une morne stupeur; il aspire avec
effort l'air embrasé de la forêt, jette un
cri... C'est le dernier... et elle, quand il
est mort, elle ne peut croire à tant de misères; elle arrache avec égarement quelques
feuilles, non pas pour elle que la faim dé-
vore, mais pour cet ami, l'unique ami
qu'elle ait dans le désert; elle lui présente avec angoisse un fruit desséché...
Penchée au-dessus de lui, elle interroge
son œil morne, qui n'a pu se fermer.....
Non, les dents du malheureux, serrées
par la faim, ne s'ouvriront plus. Elle le
comprend; elle s'agenouille et elle prie...
Qui lui fera entendre une voix humaine,

une voix de secours? elle est seule à cent lieues de toute terre habitée... Voyez! elle voudrait donner la sépulture à son frère bien-aimé : elle ne le peut pas, la terre résiste à ses efforts. Quelle misère!... et je n'ai dit que la vérité.

Au bout de deux jours, elle songe à fuir ; il faut qu'elle revoie son mari, puisque c'est pour le revoir qu'elle a entrepris ce voyage. Il y a mille lieues jusqu'au bord de la mer : elle les fera... Mais elle n'a pas mangé depuis plusieurs jours ; ses pieds délicats sont déchirés par les épines ! Qu'importe ! elle prend les souliers des morts, et voilà qu'elle fuit dans la forêt sans fin.

Si on vous racontait une chose semblable dans un roman, vous ne le croiriez pas ; je vous le répète encore, je n'ai dit que la vérité.

Maintenant, madame Godin des Odonais (car vous avez compris son nom par ses misères), madame Godin marche toujours au milieu de ces grands arbres ; et, ce qu'il y a de plus affreux, c'est qu'elle marche sans but, n'ayant qu'une seule

pensée..... Son imagination, frappée d'é-
pouvante, peuple ces grands bois de fan-
tômes ; et, cependant, elle a bien assez
des réelles horreurs de cette solitude : pour
les comprendre, il faut les avoir éprouvées.
Quelquefois, au milieu du crépuscule sinistre qu'amène la fin du jour, elle s'arrête croyant qu'une voix l'appelle ; ce n'est
que le cri du hocco, dont le murmure res-
semble au murmure d'un mourant ; en
d'autres endroits, si elle regarde en l'air,
deux yeux de feu paraissent entre des lianes;
c'est un singe Belzébuth qui s'échappe en
sifflant. Maintenant, voilà qu'elle franchit
une grande flaque d'eau verdâtre, au risque
de se noyer ; elle cherche à se retenir aux
gerbes qui croissent sur les bords ; un pal-
mier épineux lui fait une plaie douloureuse
en la sauvant. Mais comment ira-t-elle plus
loin ? voilà qu'elle entre au milieu de ces
grandes herbes qui vous font des incisions
si rapides et si froides, sans faire jaillir le
sang ; voilà que des milliers de carapates
joignent leurs horribles piqûres aux piqûres
des cactus et aux morsures brûlantes des

grandes fourmis [4]; tout à l'heure, elle a voulu monter sur un énorme tronc d'arbre que l'action des siècles a miné sourdement; son pied s'est enfoncé dans ce cadavre de végétal, et des milliers de scorpions s'en échappent en agitant leurs aiguillons. L'obstacle est cependant franchi; un frôlement s'est fait entendre, deux étincelles verdâtres ont brillé dans l'ombre; elle a entendu un sourd miaulement, c'est un jaguar; mais il est rassasié sans doute, et il fuit, comme cela arrive souvent au tigre d'Amérique, l'être le plus capricieux que l'on connaisse dans sa férocité [5]. Ah! sans doute, dites-vous, c'est trop de misères; ce récit terrible est imaginaire... Ce récit n'est rien auprès de ce qu'éprouva madame des Odonais.

Maintenant qu'elle est tombée sans force au pied d'un arbre, qu'elle promène ses regards autour d'elle, qu'elle interroge avec anxiété tous les bruits, et qu'après s'être assurée que tout est en silence, elle demeure pour quelques instants dans un sombre repos, je vais vous dire comment elle se trouve seule dans cette grande forêt des bords de la Méta.

Lorsqu'en 1735, l'Académie des sciences eut pris la résolution d'envoyer quelques savants vers les pôles et sous l'équateur pour mesurer les degrés terrestres, M. Godin, habile astronome, fut désigné pour accompagner au Pérou le célèbre La Condamine. M. Godin emmena avec lui un de ses proches parents, qui avait ajouté à son nom le nom d'une terre, et que l'on appelait Godin des Odonais. Cet ingénieur, plein de zèle et d'instruction, n'avait pu se décider à laisser en Europe sa femme jeune, intéressante, brillante de santé ; et celle-ci s'était décidée à le suivre dans les diverses stations qu'il devait occuper au milieu des Andes, pour seconder les astronomes dans leurs travaux. Durant quelque temps, elle séjourna à Quito. Les plaisirs l'entourèrent ; mais, ni le luxe presque oriental de la capitale du Pérou, ni l'opulence réelle qui y régnait alors, ni cette pompe chrétienne qui se mêlait encore au souvenir de la pompe des Incas, rien ne pouvait lui faire

oublier la France. Cependant sa famille
l'avait suivie ; elle était près de ses frères ;
son père, M. de Grandmaison, avait quitté
sa province pour demeurer près d'elle.
Plusieurs enfants lui étaient nés, et elle
les aimait avec cette tendresse qui sent
qu'une patrie réelle manque à un enfant
né loin du pays de sa mère, et qu'on doit
essayer de la lui rendre à force d'amour.
Plusieurs de ses fils moururent : là commen-
cèrent ses malheurs. Son mari, après avoir
parcouru les hauteurs des Cordillères, fut
obligé de se rendre sur les bords de l'autre
Océan, et il se vit contraint de mettre
entre lui et sa femme quinze cents lieues
de terres inhabitées [6]. Toutefois, il n'est
pas probable qu'il se fût décidé à prendre
une telle résolution, s'il avait pu soupçonner un instant que dix-neuf longues
années s'écouleraient avant qu'il pût revoir
cette femme qui avait tout quitté pour le
suivre, et pour laquelle il sentait une tendresse profonde.

Pendant l'absence de son mari, madame
Godin était venue se fixer avec ses filles à

Rio-Bamba, cité malheureuse qui devait bientôt disparaître renversée par une effroyable convulsion de la nature.

Parti de Quito en 1749, le compagnon des académiciens était heureusement arrivé à Cayenne, après avoir descendu le fleuve des Amazones, et dès son arrivée dans la colonie française, aussitôt que sa mission s'était trouvée accomplie, il avait fait de nombreux efforts pour obtenir des passe-ports du gouvernement portugais, afin d'aller rejoindre madame des Odonais. Il voulait s'embarquer avec elle pour l'Europe ; mais la guerre était survenue, les passe-ports avaient été refusés, les lettres avaient été interceptées ou perdues. Les communications eussent été plus aisées si la mer eût été entre les deux époux, au lieu de ce grand fleuve aux rives désertes, dont si peu de voyageurs affrontaient les solitudes.

Enfin, en 1765, au moment où M. Godin des Odonais allait remonter lui-même l'Amazone, une maladie dangereuse le frappa, et, par un enchaînement mysté-

rieux de douleurs, une jeune fille de dix-
huit ans, qui lui était née durant son absence, mourait à Rio-Bamba sans avoir
embrassé celui qui l'avait rêvée tant de
fois dans ses songes, et qui ne devait jamais la connaître. Telle était la destinée
de cette famille malheureuse, qu'un père
devait se réjouir de cette mort, qui n'avait
pas eu du moins une horrible agonie.

Cependant, après les premiers jours de
douleur, un bruit vague traversant le désert avait appris à madame Godin des Odonais que le roi de Portugal avait armé une
embarcation pour qu'elle pût descendre le
grand fleuve, et que son mari, ne pouvant
entreprendre cet immense voyage, avait
chargé un homme nommé Tristan d'Orcasaval, dont il se croyait sûr, de le rempla-
cer et de réunir à Cayenne une famille si
longtemps séparée. Des lettres interceptées
ou perdues dans les missions qui bordent
le Maranham, la criminelle insouciance
du messager, la lenteur des missionnaires, tout cela hâta l'horrible catastrophe, sans que la prudence humaine pût

rien soupçonner ou pût rien prévoir au
milieu de ces bruits vagues, de ces prépa-
ratifs interminables qui consumaient les
mois et les années, et qui préparaient len-
tement cette tragédie sanglante dont le
souvenir dure encore dans l'Amérique du
Sud.

Enfin, après divers messages envoyés à
travers les forêts ou en remontant les affluents de l'Amazone, madame des Odonais
acquit la certitude qu'un armement du roi
de Portugal l'attendait dans les hautes missions, et qu'il était encore sous la direction
de ce Tristan d'Orcasaval qu'avait envoyé
M. Godin ; elle était alors à Rio-Bamba;
elle n'hésita pas à entreprendre l'immense
voyage qui devait lui faire retrouver son
mari. On était en 1772, et la mission des
académiciens français était complétement
accomplie.

Comme si, dans ce drame terrible dont
madame Godin hâtait le dénoûment, il
eût manqué un de ces êtres malfaisants qui
donnent quelque chose de plus fatal au
malheur, un homme assez vil pour que la

victime ait dédaigné de révéler son nom ,
un Français vint solliciter la voyageuse de
l'emmener avec elle, et elle, pleine d'horribles pressentiments, le refusait ; mais
c'était un médecin, un compatriote malheureux , disait-il : il fut décidé qu'on lui
accorderait passage sur le bâtiment qui devait descendre jusqu'à la Guyane.

M. de Grandmaison , père de madame
des Odonais, avait pris les devants pour
tout faire préparer sur le passage de sa
fille. On partit de Rio-Bamba en suivant
toujours les rives de quelques tributaires
de l'Amazone ; la traversée fut d'abord heureuse , mais les voyageurs, à mesure qu'ils
entraient dans la solitude, voyaient les
difficultés s'accroître, et bientôt elles de-
vinrent insurmontables, car la petite-vérole
exerçait d'horribles ravages dans les missions, et dépeuplait les villages d'Indiens.

Enfin , ils arrivent dans une vallée où il
ne restait plus que deux habitants, et c'est
à la merci de ces Indiens que sont désormais les voyageurs, car ce sont eux qui
doivent les conduire à travers ce dédale de

fleuves qui sillonnent l'immense désert de
l'Amazonie. Mais voilà que, quand cette
troupe infortunée de femmes et d'enfants
s'enfonce dans des solitudes sans nom, les
Indiens disparaissent... Ils se trouvent pri-
vés de guides. Il faut vraiment avoir vu ces
campagnes de l'Amérique, sans fumée
lointaine, sans bruits annonçant quelque
habitation, pour comprendre leur angoisse.

Cependant, au milieu de ce grand désert,
ils trouvent un pauvre Indien malade, qui
consent à leur servir de guide ; mais le pauvre Indien se noie en essayant de ramasser
dans le fleuve le chapeau du médecin français.

Alors les voilà tous, gens ignorant les
manœuvres, laissant le canot aller à la dé-
rive ; et le voyant s'emplir d'eau, ils sont
forcés de débarquer sur les rives boisées
de cette immense solitude, et d'élever à
grand'peine quelques misérables cabanes
de feuillage. Il n'y a cependant plus que
cinq ou six journées pour gagner Andoas,
lieu connu de station [7].

Au bout de quelque temps passé dans

l'anxiété, le médecin s'offre à aller chercher du secours, en se faisant accompagner
par un nègre fidèle, appartenant à madame
des Odonais ; mais quinze jours se passent,
un mois s'est presque écoulé, et personne
ne paraît dans le désert.

Les pauvres voyageurs construisent
alors un radeau sur lequel ils embarquent
quelques vivres, et de nouveau ils s'aban-
donnent au fleuve ; mais, hélas! une
branche submergée heurte la frêle embarcation ; madame Godin est sauvée par ses
frères, qui la retirent deux fois du fond
des eaux.

Ayant à peine des vivres pour quelques
jours, dépourvue de tout ce qui pouvait
faire supporter les incroyables fatigues qui
attendent le voyageur dans ces contrées,
la triste caravane suivit le cours du Bobonasa [8] ; puis, bientôt ses innombrables
sinuosités l'effrayèrent : il fut décidé que
l'on entrerait dans la forêt. Pour moi, je
n'ai jamais songé sans frémir à cette marche funèbre de quelques malheureux allant
toujours et au hasard dans une forêt sans

fin; ignorant complétement où ils vont; cherchant avec avidité quelques fruits sauvages, bientôt n'en trouvant plus; demandant quelques gouttes d'eau aux bromélias qui les reçoivent dans leurs larges feuilles, et n'en rencontrant que rarement, parce que le soleil les a desséchées.

Au bout de quelques jours, minés par le besoin, ils tombèrent presque tous; ils essayèrent de se lever, et ils sentirent qu'ils n'avaient plus la force de se mouvoir; mais, au milieu de cette anxiété croissante, une parole de tendresse répondait à un cri de douleur, un mot d'espérance ranimait les forces abattues. — Eh bien! maintenant rappelez-vous mon récit; toutes ces misères sont accumulées sur la tête d'une femme, puisqu'elle est restée seule dans ces grands bois.

Incroyable puissance des anciens souvenirs! Comment expliquer cette existence d'une frêle créature au milieu de tant de périls, si l'on ne sent pas toute l'énergie que donne quelquefois à un cœur de femme un amour de mère, ou une tendresse d'épouse!

Quelquefois, dans les grandes forêts américaines, je me suis représenté moi-même ce spectre vivant, aux cheveux blanchis, aux vêtements en lambeaux, à la chaîne d'or qui brille sur des haillons, disant des mots sans suite, s'arrêtant pour écouter les moindres bruits, et regardant le ciel pour voir si quelques gouttes de pluie ne viendront pas la rafraîchir; voyant des fruits sauvages au sommet des arbres séculaires, les enviant aux aras de la forêt; attendant, dans une morne angoisse, qu'il en tombe quelques-uns; ne se sentant pas, malgré la faim, la force de les atteindre. Je la voyais se cramponnant aux lianes, cherchant à atteindre les amandes nourrissantes du sapoucaya [9], et retombant avec les tiges brisées, comme un mousse enfant tombe des cordages aux premiers jours de son arrivée à bord. Tout à coup, elle se précipite sur un de ces fruits, que quelque animal sauvage a dédaigné. Pour elle, c'est la vie... elle sent qu'elle pourra vivre un jour de plus. Quelquefois, ce sont des œufs verdâtres [10], qu'elle prend pour des œufs de serpent; et quoique la faim ne puisse pas éteindre un reste de dégoût profond., elle se décide à s'en nourrir, car c'est un jour, que Dieu lui accorde encore , et un jour peut la sauver.

Elle dormirait peut-être, mais ces milliers de moustiques qui s'acharnent sur ses membres amaigris , ces carapates miniature de crabes, qui s'attachent à sa peau en suçant son sang, le bruit léger de l'iguane qui passe en frôlant les feuilles près d'elle, et qu'elle prend pour un serpent [11]; le miaulement lointain du jaguar, les grognements de l'ours d'Amérique, tout, au milieu de l'obscurité profonde des nuits, s'opposait à son repos. Et si la lumière verdâtre des lampyres venait à sillonner cette nuit funèbre de ses éclairs passagers, c'était pour lui montrer toute l'horreur de cette solitude qu'elle tâchait d'oublier.

C'était le neuvième jour, le soleil commençait à découvrir les âpres magnificences de la forêt. Madame Godin marchait silencieusement, calculant peut-être combien.

pourraient durer encore les douleurs de son agonie, quand tout à coup un bruit inaccoutumé la fit tressaillir. Immobile, elle écoute... Elle craint quelque bête féroce, quelques-uns de ces hommes des forêts, qui n'ont jamais vu les Européens, et dont la haine sanglante s'est accrue du souvenir de leurs compatriotes massacrés. Elle songe à fuir, à rentrer dans l'intérieur du bois qu'elle allait abandonner... Une réflexion rapide lui fait songer que le malheur n'existe pas pour elle, et qu'il y a de si grandes misères que d'autres misères ne peuvent plus les augmenter. Elle avance donc et elle entend le murmure des eaux ; elle écarte les branches, et elle voit enfin le Rio-Bobonasa qui se déroule avec sa triste majesté. Sur le bord du fleuve, des Indiens attachaient un canot, et ils discutaient, avec la gravité américaine, s'ils resteraient en cet endroit. Bientôt ils n'hésitent plus, ils marchent vers la forêt, car ils ont aperçu l'étrangère... Elle n'a pas encore parlé, et le cœur des pauvres Indiens lui a donné l'hospitalité :

ils connaissent les souffrances du désert.

Si mes paroles ont été impuissantes pour peindre les souffrances de madame des Odonais, elles seront encore plus inhabiles pour peindre ses émotions d'espérance; car, pour la joie, cette âme ulcérée pendant bien des années ne devait plus la sentir.

Arrivée aux missions, la voyageuse eût voulu enrichir pour la vie ces pauvres Indiens, qu'on enrichit si facilement; mais elle portait ses regards sur ses vêtements déchirés, et des paroles de reconnaissance ardente étaient tout ce qu'elle pouvait offrir à ces bons sauvages. Tout à coup elle se rappelle qu'une double chaîne d'or est restée à son cou; c'est tout ce qu'elle possède, et elle est heureuse de l'offrir aux Indiens. Ils ne la gardèrent pas longtemps; le prêtre de leur mission l'échangea contre un grossier présent; mais leur joie naïve n'en fut pas troublée, la voyageuse était sauvée.

Maintenant, à quoi bon vous dire son arrivée à Loreto, son voyage sur le grand fleuve? elle descendit son cours immense entourée de soins empressés, et, réunie à son père, elle put rêver quelques idées de bonheur, quelques doux commencements de repos [12]; mais ni la magnificence des forêts qui bordent le Maragnan, durant plus de mille lieues, ni l'auguste majesté des savanes qui leur succèdent, rien ne pouvait distraire l'infortunée de ses souvenirs affreux; elle les conserva encore dans ce moment de bonheur, désiré pendant dix-neuf ans, et qu'elle avait à peine la force de sentir. La tendresse de M. des Odonais ne put lui faire oublier toutes ses souffrances, et quand, retirés paisiblement tous deux dans la terre qu'elle possédait à Saint-Amand, au fond du Berri, on venait à parler de voyages, un frémissement involontaire s'emparait d'elle; elle restait muette, il lui semblait entendre ces voix de la solitude, dont le calme qui l'entourait ne pouvait éteindre le retentissement sinistre.

Bien des années après son retour, on faisait voir aux étrangers une robe grossière de coton, que lui avaient donnée les Indiennes de l'Amazone, et l'on regardait avec une sorte d'effroi ces misérables sandales qu'elle avait dérobées aux morts pour fuir dans la forêt. C'était un triste monument dont la voyageuse n'avait pas voulu se séparer.

On raconte aussi que, quand elle entrait dans un bois solitaire, une terreur muette s'emparait d'elle : on pouvait lire dans ses regards l'histoire qu'elle ne raconta, dit-on, qu'une fois [13].

Dans les régions qui retentirent jadis des cris désolés de madame Godin des Odonais, sur les bords du Rio-Cosanga, on vit en 1847 se renouveler une de ces scènes terribles devant lesquelles le courage, la résignation, la force corporelle sont toujours sur le point d'échouer. Vaincu, pour ainsi dire, par la fièvre et par la faim, abandonné par les Indiens qu'il avait pris à Quito pour le diriger dans ces solitudes profondes, un voyageur d'un mérite éminent, M. Gaetano Osculati demeura quatorze jours sur les rives du fleuve, et il ne dut la vie qu'à l'énergie de son caractère. Voyez *Explorazione dell regioni equatoriali*. 1 vol. in-8°. Milan, 1850.

# NOTES.

[1] Louis Godin, membre de l'Académie des sciences, naquit à Paris, le 28 février 1704, et fit partie dès l'âge de 21 ans du corps scientifique auquel il appartenait. Il fut choisi avec Bouguer et La Condamine pour aller déterminer sous l'équateur la figure de la terre. Parti le 16 mai 1735, ce fut lui qui engagea Godin des Odonais, son cousin, à s'expatrier et à servir l'expédition de son zèle actif et de ses connaissances variées. Une lettre autographe que nous avons sous les yeux, et que La Condamine écrivait en 1741, prouve combien le parent de l'académicien avait su se rendre utile; ayant été envoyé à Carthagène, il revint en 1742 à Quito, et passa en 1749, par la voie de l'Amazone, à la Guyane, où il établit une sorte de compagnie pour la pêche du lamentin. (Voyez les *papiers inédits de Chanvalin*, à la

Bibliothèque impériale.) Quant à l'académicien, après avoir vécu dans des rapports assez fâcheux avec ses collègues, il se rendit au Brésil, et ce fut de Pernambuco qu'il s'embarqua pour l'Europe. Il y parvint en novembre 1751 ; étant entré au service de l'Espagne, il dirigea l'école maritime de Cadix, et mourut en 1769 ; il y avait donc plusieurs années qu'il n'existait plus, lorsqu'advint la funeste catastrophe.

[2] Le ferrador ou l'araponga (*casmerynches nudicollis*). Nous ignorons le nom que porte ce singulier oiseau sur le bord des affluents du haut Amazone, mais il doit y exister. M. Auguste de Saint-Hilaire compare la note retentissante qu'il laisse échapper au bruit sonore du marteau sur l'enclume.

[3] L'Amazone et ses affluents peuvent être considérés, avec le Rio-Negro et l'Orénoque, comme la véritable patrie de ces poisons végétaux qui sont de si terribles auxiliaires de l'Indien chasseur. Les Ticunas s'en servent avec une funeste habileté ; le poison désigné sous le nom de *ciguela*, dont l'intrépide Osculati observa les effets dans ces parages, donne la mort en dix minutes. Voyez sur le *curare* et le *wourali*, ce qu'on lit

dans les *Voyages* de Humboldt et de Watter-
ton.

[4] Madame Godin eut surtout à souffrir
des insectes et des végétaux épineux. Ren-
due dans les lieux habités, elle fut même
obligée de subir une douloureuse opération
par suite de l'introduction d'une longue
épine dans une phalange dont elle perdit
l'usage ; le carrapato (*ricinus*) est une sorte
de tique ; on le désigne sous le nom de *pu-
caruro* sur le bord des rivières qui avoisi-
nent le Bobonasa. Les termès (*comejen*) ne
sont guère moins redoutables.

[5] On peut voir dans le *Voyage* de Humboldt l'histoire d'un de ces animaux, qu'un
enfant armé d'une simple baguette mit en
fuite, à la vue de ses parents terrifiés. L'in-
téressant *Voyage* de Gaetano Osculati renferme de nombreux détails sur le jaguar,
recueillis dans les régions parcourues jadis
par l'infortunée voyageuse.

[6] Madame Godin avait été laissée aux
soins de son père et de deux frères, dont
l'un avait fait profession dans un ordre ré-
gulier.

[7] Andoas est aujourd'hui un *pueblo* ou
forte bourgade, siége d'un gouverneur.

[8] Les rives du Bobonasa étaient complé-

tement désertes à cette époque; elles ont été explorées de nos jours (1844), en raison de la richesse de leurs sables aurifères.

[9] Le *lecythis ollaria* ou quatelé. Ce bel arbre est abondant, surtout vers le bas Amazone.

[10] On a supposé que les œufs rencontrés par madame Godin appartenaient au *jacupema*, ou à quelque autre grande espèce de perdrix.

[11] Les nombreux lézards qui passent rapidement parmi les feuilles sèches produisent, dans les forêts tropicales, un bruit qui fait croire souvent à la présence de quelque réptile dangereux.

[12] Madame Godin acheva son voyage sous la protection des autorités brésiliennes. Un officier supérieur d'origine française, M. J.-B. Martel, la ramena à la Guyane; les deux époux se rencontrèrent en mer, par le travers du *Mayacaré*.

[13] Condorcet fait observer que cette grande infortune occupa uniquement les dernières pensées de l'illustre La Condamine.

Imp. G. Gratiot, rue Mazarine, 3.

www.ingramcontent.com/pod-product-compliance
Lightning Source LLC
Chambersburg PA
CBHW061347060726
47597CB00003B/753